汤汤水水好养人

好养人

萨巴蒂娜 主编

青岛出版社

QINGDAO PUBLISHING HOUSE

图书在版编目（CIP）数据

汤汤水水好养人 / 萨巴蒂娜主编 . –– 青岛 : 青岛出版社 , 2019.10
ISBN 978–7–5552–8398–0

Ⅰ . ①汤… Ⅱ . ①萨… Ⅲ . ①保健—汤菜—菜谱 Ⅳ . ① TS972.122.2

中国版本图书馆 CIP 数据核字 (2019) 第 135338 号

书　　　名	汤汤水水好养人	
主　　　编	萨巴蒂娜	
出 版 发 行	青岛出版社	
社　　　址	青岛市海尔路 182 号（266061）	
本 社 网 址	http://www.qdpub.com	
邮 购 电 话	13335059110　0532–68068026	
策 划 编 辑	周鸿媛	
责 任 编 辑	杨子涵　俞倩茹	
设　　　计	任珊珊　魏　铭	
排 版 制 作	杨晓雯　潘　婷　叶德永	
制　　　版	青岛帝骄文化传播有限公司	
印　　　刷	青岛海蓝印刷有限责任公司	
出 版 日 期	2019 年 10 月第 1 版　2019 年 10 月第 1 次印刷	
开　　　本	16 开（710 毫米 ×1010 毫米）	
印　　　张	12	
字　　　数	180 千	
图　　　数	900 幅	
书　　　号	ISBN 978–7–5552 –8398–0	
定　　　价	49.80 元	

编校质量、盗版监督服务电话　4006532017　0532–68068638
建议陈列类别：生活类　美食类

请给我一碗汤

于我而言，煲汤是一件最简单却又最容易有成就感的厨事。

菜市场买极新鲜的肉骨头（骨头要多，肉有点就行），回家一口大锅煮上骨头，再加两三片姜、少许盐、一小撮胡椒粉，然后搭配藕或者海带或者山药或者白萝卜或者玉米，就是一煲最最家常的鲜美的汤。

你若问我，厨房新手最需要学什么，我会告诉你，先学煲汤。

因为：

汤鲜。经过熬煮，食材的鲜美滋味渗入到汤汁中，入口都是温柔。

汤暖。汤都是温暖的，一碗暖汤下肚可以让浑身都暖和起来，通体舒泰。

煲汤省事。不想煎炒烹炸的时候我就煲汤，再来锅白米饭，菜汤饭齐活。

汤能调理滋补。食物是最养人的，夏天和冬天的汤谱迥然不同，顺应天时和身体的需要采用不同的食材煲汤，这是多年流传下来的智慧结晶。

汤给人幸福感。再没有比一回家就看到饭桌上放着一碗汤更让人觉得幸福的事了。纵使风雨兼程，也要回家去喝家人给煲的汤。而如果是单身呢？也没有问题，现在有很多高科技的锅具，可以定时煲汤。一个人生活更要好好爱自己，用好看的汤碗和汤勺盛放煲给自己的汤，细细品味，让生活充满仪式感。

如果你很爱一个人，就给他／她煲一碗充满爱和关怀的汤吧。

家里不能没有厨房，厨房里不能没有汤。

萨巴蒂娜

2019 年 6 月

目 录
CONTENTS

第一章
成长助力汤

第二章
养颜美容汤

第三章

知 心 爱 人 汤

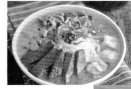

第五章

四 季 养 生 汤

米酒水果圆子汤 146

马蹄竹蔗饮 148

荠菜豆腐羹 150

莴笋排骨汤 152

山药虾仁豆腐羹 154

绿豆百合汤 156

苦瓜菌菇鸡蛋汤 158

秋葵豆腐蛋花汤 160

丝瓜肉片汤 162

芦笋蘑菇瘦肉汤 164

酸萝卜老鸭汤 166

雪梨苹果银耳汤 168

白萝卜猪肺汤 170

杜仲巴戟猪腰汤 172

清炖羊肉萝卜汤 174

西湖牛肉羹 176

菌菇鸡汤 178

丝瓜虾仁豆腐羹 180

知识篇

为爱下厨房，洗手做羹汤

喝汤的注意事项

因为心中有一份对家人的爱，所以回家后才会心甘情愿系上围裙，洗手做羹汤。喝汤有利于我们的身体健康，在日常饮食中，餐前喝适量的汤，可以让身体更好地吸收食物中的营养，因此民谚说"饭前喝汤，胜过良药方"。

喝汤速度不能太快，要给食物消化留下充裕的时间。喝汤能尽快让人产生饱腹感，使人不容易发胖。

南北饮食有差异

北方的汤以面汤、咸汤为主，比较知名的如山东单县的羊肉汤，鲜而不膻，香而不腻；河南逍遥镇的胡辣汤，汤香扑鼻，辣而不灼。北方的天气相对比较寒冷，多喝些面汤、肉汤，能增强身体御寒的能力。

南方的汤则更加多种多样，大部分南方人家的餐桌上餐餐都少不了一碗汤，尤其在广东地区，更是家家煲汤，四季有汤喝。各家有各家的秘籍，食材也更丰富。喝汤在广东已经成了一种健康的生活模式，一种生活时尚。

煲汤常用的锅具

砂锅

砂锅一般是将石英、长石、黏土等原料造型后经高温烧制而成的。特殊的原材料，使得砂锅内部能保持相对均衡的环境和温度。

高压锅

高压锅是从锅内部对水施压，使锅中的水能够达到较高的温度但不沸腾，从而加速炖煮食材，减少炖煮时间，适合炖比较难熟的肉类等食材。

隔水炖盅

隔水炖盅适合人少的家庭使用，或者用于制作婴儿辅食汤。炖盅内空间狭小，食物不会翻滚，故而炖出的汤品色泽清亮，香味浓郁。

不锈钢炖锅

不锈钢炖锅精美、轻便、不易摔碎，忽冷忽热时也不会有炸裂的危险，导热快，适合煲各种汤，还可以用来卤菜、煮粥，用途比较广泛。

奶锅

奶锅外形轻巧，容积小，使用率高，实用性强，更节能。除热牛奶外，还可以煮糖水、熬米粥、煮蛋汤，分量少的汤汤水水用小奶锅加工更方便。

煲汤食材的处理

▶ 茶树菇的清洗

茶树菇经过加工和晾晒，上面免不了残留灰尘和杂质，清洗的时候要格外仔细，不然煲出来的汤里会有很多沙子，影响口感不说，还特别不卫生。

① 把茶树菇末端的硬蒂用剪刀剪去。这个部位特别容易残留泥沙。

② 剪好的茶树菇用清水冲洗干净表面的浮尘。

③ 洗干净的茶树菇装入干净的容器内，加清水至没过茶树菇，浸泡 15 到 20 分钟。

④ 此时的茶树菇已经变软，用清水再次洗干净就可以用来进行下一步烹饪了。

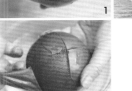

▶ 西红柿完整去皮

煮汤用的西红柿去掉外皮，口感会更好，汤色也更漂亮。去西红柿外皮并不难，只需一碗开水就可以搞定。

① 将西红柿冲洗干净，在顶部用刀划十字形痕迹，切口不要太深。

② 将西红柿放入深一点的容器中，加入开水至没过西红柿，等待 10 秒钟左右。

③ 沿着切痕用手轻轻撕去西红柿的外皮。

▶ 竹荪的泡发

竹荪营养价值丰富，是煲汤常用的好食材。但是，干竹荪如果处理不好，煮出来的汤会有一股怪味，影响汤的口感。

❶ 干竹荪用淡盐水浸泡 20 到 30 分钟，中途可以换两三次水。

❷ 用剪刀剪去菌盖部分。干竹荪的菌盖是竹荪散发怪味的来源，剪去就没有怪味了。

❸ 将竹荪再次冲洗干净，即可用来烹饪。

▶ 鱼肚（花胶）的泡发

花胶是适合女性的高档补品，含有满满的胶原蛋白。需要特别注意的是，如果泡发方式不对，花胶的营养成分会严重流失。

❶ 干花胶用水冲洗一下。

❷ 将花胶放入碗中，放入几片姜，送入蒸笼蒸 15 分钟。

❸ 蒸好的花胶放入保鲜盒中，加入纯净水至没过花胶。

❹ 盖紧盖子，放入冰箱冷藏一晚至花胶完全泡开。

❺ 将花胶上的血渍和油渍摘除，清洗干净后即可进行烹制。

▶ 如何切滚刀块？

煲汤用的根茎类蔬菜常需要切成滚刀块，既美观又容易入味。

❶ 取长条丝瓜一根，削去外皮，横放在案板上。

❷ 垂直下刀，刀与丝瓜的角度呈 45 度角切下去。

❸ 刀的位置不变，将丝瓜向外旋转 90 度，再垂直切下去，切成的就是滚刀块。

▶ 怎样做出好吃的肉饼？

肉饼汤是简单易做的鲜美好汤，但如果处理不好猪肉，做出来的肉饼口感会发柴，嚼起来无味。

① 原料选择猪前腿肉（肥瘦比例 4∶6 最佳，3∶7 也可以），冲洗干净。

② 将猪肉切成小丁。

③ 将肉丁剁成肉泥。

④ 加入 1 汤匙清水、少许生粉、少许盐、适量白胡椒粉。

⑤ 用筷子朝一个方向搅打上劲即可。如果家中有搅拌机，步骤 3 和 4 可以合并，直接用搅拌机更省力。

▶ 如何去除虾线？

虾的背部正中间有一条黑黑的泥线，那是虾的内脏，含有苦味物质，影响虾的鲜味，烹制时应提前去除。

① 牙签法去虾线：用拇指和食指捏住虾尾处，找到从虾尾处开始数的第二节，用牙签插入，往上一挑虾线就出来了。

② 直接法去虾线：这种方法适合活虾。两手分别捏住虾头和虾身的连接处，由下往下折断，再轻轻一拉，虾线就随着虾头被带出来了。

③ 开背法去虾线：这个方法最简单，适合去了壳的虾。沿虾脊背从头到尾划一刀，虾线就可以取出来了。

▶ 肉类去腥

① 浸泡法去腥：适合排骨等食材。将其洗干净，用清水浸泡 1 小时左右即可。

② 焯水去腥：适合排骨等食材。将其放入锅中，加入冷水至没过食材，开火，水烧开即马上关火。

③ 油煎去腥：适合河鲜类食材。炒锅内倒少许油烧热，下入处理干净的鱼等，煎至两面呈金黄色即可。

煲汤的技巧

煲汤的火候

煲汤的火候一般分为大火、中火、小火三种，中火不常用，大火和小火比较普遍。通常先用大火高温煮开，然后再用小火慢炖。熬煮的过程中火力不要忽大忽小，否则会糊底，破坏汤的风味。

煲汤的时间

煲汤的时间并非越久越好，加热时间过长，食材的营养反而易被破坏。蔬菜、菌菇类食材煮制时间控制在 10 分钟以内，鱼大约需要煮半小时左右，猪肉以煮 1 小时左右为宜，老鸭、牛羊肉则以煮 2 到 3 小时最佳。

加水的学问

做蔬菜食材的汤：一般是需要多少成品汤，就加多少水。

做牛羊肉、排骨之类荤腥食材的汤：煲汤时应一次性加入足量的水（水量应为食材两倍到三倍），煲的过程中不要加水，以免食材中蛋白质成分难溶解，鲜味流失。如果必须要加水，记得一定要添加开水。

调味品的添加

煲汤一般不需要过多的调味料，否则会喧宾夺主，也不要放入过多的葱、姜、料酒，以免影响汤汁的原汁原味，主要添加盐即可。盐一般在临出锅前放入，过早放盐会阻碍食材中蛋白质的溶解，使汤色发暗，汤汁不浓郁。

第一章

成长助力汤

孩子正在长身体，
需要更多的营养补充。
经常给孩子煲一些适合他们的汤，
能调节孩子的脾胃，
促进其身体健康发育，
让他们吃得好，长得高，
身体棒棒，吃嘛嘛香。

家常莼菜汤

20 分钟
烹饪时间

简单
难易程度

爱喝汤
的宝宝
长得快

这是一道经典的江南地区家常汤，带着清新与营养，如小家碧玉般明媚。第一次去江南的姐妹家喝这个汤，就被它的口感吸引了，喝一口，一阵温和的舒适感从喉咙直达胃里。

做法 🍲

1. 将莼菜洗干净，大蒜拍碎。

2. 鸡蛋打入碗中，只取蛋清，蛋黄留做他用。

3. 火腿切细丝备用。

4. 奶锅内加1汤碗水烧开，放入莼菜烫熟，捞出装入碗中。

5. 起油锅烧热，下入蒜末、火腿丝炒香。

6. 加入高汤，煮开。

7. 加入蛋清，边倒边搅拌成蛋花状，加入盐、鸡精调味。

8. 将汤水倒入煮好的莼菜中即可。

材料

新鲜莼菜	150 克
金华火腿	20 克
鸡蛋	1 个

调料

高汤	700 毫升
鸡精	1/2 茶匙
盐	1/2 茶匙
蒜瓣	1 粒
玉米油	1 汤匙

烹饪秘籍

1. 莼菜一般没有什么味道，焯一下水就可以食用，口感滑嫩。

2. 煮汤的时候不要放蛋黄，可整体提升汤的滑嫩口感。

营养贴士 🌿

莼菜中含有多种维生素和矿物质。鸡蛋清为优质蛋白质，孩子每天吃一个鸡蛋，能健脑益智。

豆腐丸子汤

孩子们大多喜欢吃各种各样的小丸子。用豆腐做成的丸子汤别具一格，不仅颜色清爽，还有淡淡的豆香，十分开胃。

这鲜味
一口难忘

做法 ⚊

1. 猪前腿肉洗干净，切成 1 厘米见方的小块。

2. 姜去皮切末。小葱洗净，切碎备用。

3. 把姜末、白胡椒粉、生粉和一半的盐加入肉块里，剁成肉泥。

4. 老豆腐洗净，加入肉泥中。

5. 用手把老豆腐抓碎，和肉泥混合均匀。

6. 汤锅中加入约 500 毫升清水，大火煮开。

7. 取适量肉泥放在手中，借助手部虎口的位置挤出豆腐丸子，放到汤锅里，中火煮 10 分钟，至丸子漂起。

8. 加入剩余的盐，撒上小葱碎，淋入麻油调味即可。

材料

老豆腐	80 克
猪前腿肉	200 克

调料

姜	3 克
小葱	1 根
盐	1/2 茶匙
白胡椒粉	少许
生粉	1/2 茶匙
麻油	1/2 汤匙

烹饪秘籍

1. 豆腐要选用老豆腐，不能用水豆腐或内酯豆腐代替，老豆腐比较有韧性，也耐煮，特别适合做汤。

2. 猪肉宜选择没有冷冻或冷藏过的新鲜的前腿肉，这样做出来的丸子不松散，汤的浮沫也较少。

营养贴士 ✍

老豆腐中含有优质的植物蛋白质和丰富的钙，非常适合身体虚弱的孩子食用，能帮助孩子补充营养，增强体质。

番茄鸡蛋疙瘩汤

美味一碗
怎么够

疙瘩汤既可以作为主食又可以作为汤品，一年四季都可以食用，非常适合小朋友娇弱的肠胃，尤其适合一岁以上的宝宝和学龄期的小朋友。

做法 🍲

1. 西红柿洗净，顶部切十字花刀，放入开水中烫 2 分钟。

2. 将西红柿撕去外皮，切成丁块。青菜洗净沥干，切碎。

3. 面粉中慢慢淋入水，用筷子搅拌成松散的疙瘩状。

4. 鸡蛋打入碗中，用筷子搅散。

5. 起油锅烧热，倒入西红柿丁翻炒出汤汁。

6. 加入足量的水，煮开后倒入面疙瘩搅匀，煮 2 分钟。

7. 将蛋液缓缓倒入疙瘩汤里。

8. 出锅前放入青菜碎稍煮，撒盐调味即可。

材料

西红柿	1 个
鸡蛋	1 个
中筋面粉	150 克
青菜	1 棵

调料

盐	1/2 茶 匙
葵花子油	1 汤匙

烹饪秘籍

1. 西红柿去皮后口感更好，西红柿里的营养遇油能被充分地激发出来。

2. 面粉里要慢慢淋入水，边淋边搅动，这样做出的疙瘩大小才均匀。

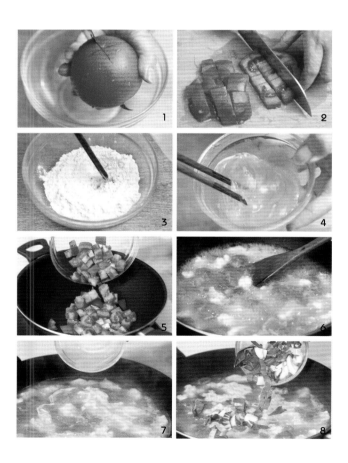

营养贴士

1. 西红柿中含有的番茄红素具有不易被高温破坏的特点。

2. 面食中含有丰富的碳水化合物，能补充能量。

苹果雪梨肉饼汤

30 分钟
烹饪时间

简单
难易程度

挑食宝宝
也爱喝

多数小朋友喜欢吃带甜味的汤汤水水，饭前喝一碗甜丝丝的苹果雪梨肉饼汤，能让孩子心情愉悦。炖煮后的苹果和雪梨更加温和，不会刺激小朋友娇弱的肠胃。

做法 🍲

1. 苹果洗净，削皮、去核，切大块。

2. 雪梨洗净，削去外皮、去核，切大块。

3. 猪肉洗干净。

4. 擦干猪肉表面的水，剁成肉泥，加入生粉、白胡椒粉和一半的盐。

5. 把猪肉泥团成一个个小圆饼状。

6. 砂锅中加水，放入苹果块、雪梨块煮开，小火煮15分钟。

7. 把猪肉泥饼加入汤水中，小火煮5分钟。

8. 撒入剩余的盐调味即可。

材料

苹果	100 克
雪梨	100 克
猪肉	150 克
（选肥瘦相间的为佳）	

调料

盐	1/2 茶匙
生粉	2 克
白胡椒粉	1 克

烹饪秘籍

1. 苹果要选择脆一点的品种，如常见的红富士苹果。

2. 雪梨的润肺效果极佳，如果没有，也可以用鸭梨代替。

营养贴士

猪肉中蛋白质含量丰富，含有多种氨基酸，搭配雪梨和苹果煮汤，除口感鲜甜外，还有润肺、补脾胃的效果。

鸡蛋肉饼汤

1.5小时 烹饪时间 | **简单** 难易程度

鸡蛋肉饼汤是江南的家常特色汤，家家户户都会做。谁家孩子没胃口时，给他做上这么一碗汤喝下，很快就能有食欲了。

能鲜掉眉毛的快手靓汤

做法 ♨

1. 猪肉用清水冲洗干净。

2. 将猪肉剁成肉末，加入白胡椒粉和一半的盐，用筷子朝着一个方向搅拌上劲。

3. 小青菜洗干净，新鲜香菇表面刻上十字花刀。

4. 把肉末用手团成圆饼状，铺在陶瓷炖盅的底部。

5. 把鸡蛋完整地磕在肉饼上。

6. 缓缓把开水倒入炖盅内，让鸡蛋稍微凝固定型。

7. 加入香菇，盖上炖盅盖子，将炖盅置于蒸锅内隔水蒸1个小时。

8. 加入剩余的盐调味，趁热放入青菜烫熟即可。

材料

鸡蛋	2 个
猪肉	150 克
香菇	10 克
小青菜	2 片

调料

盐	1/2 茶匙
白胡椒粉	少许

烹饪秘籍

1. 猪肉尽量选择有肥有瘦的，四分肥六分瘦的最香。

2. 往炖盅里冲开水的时候不要对着鸡蛋浇，要倒在旁边，力度要轻，不要冲破鸡蛋。

3. 青菜可以用上海青，颜色更漂亮，口感也更好。

营养贴士 ✐

鸡蛋中蛋白质、卵磷脂、钙的含量都很高，搭配高蛋白、高脂肪的猪肉煮汤，孩子常喝此汤，聪明又健壮。

猪肝是保护宝宝视力的好帮手。猪肝汤取材简单，营养丰富，做起来省时省力，不会做饭的妈妈也可以很快学会。

20 分钟
烹饪时间

简单
难易程度

给宝宝一双明亮的眼睛

猪肝菠菜汤

做法 🍲

1. 猪肝用淡盐水浸泡半个小时。

2. 把浸泡好的猪肝切薄片。

3. 西红柿洗净，切成1厘米见方的小粒备用。

4. 胡萝卜洗净，切成跟西红柿同样大小的粒。菠菜择去黄叶，洗净，切碎。姜切片。

5. 起油锅烧热，把西红柿粒倒进去炒成糊状。

6. 倒入高汤、姜片、胡萝卜粒煮开。

7. 放入猪肝片和菠菜碎搅匀。

8. 煮至猪肝变色后撒盐调味即可。

材料

猪肝	150 克
胡萝卜	30 克
菠菜	40 克
西红柿	1 个
高汤	600 毫升

调料

盐	1 克
姜	3 克
玉米油	1 汤匙

烹饪秘籍

1. 猪肝切片后要用清水再冲洗一遍，这样煮出来的汤清爽不浑浊。

2. 如果宝宝吃东西比较挑剔，可以将菠菜提前用开水烫几分钟，能有效去除菠菜涩味。

营养贴士 ✎

猪肝中含有丰富的维生素A，有助于孩子的视力发育；菠菜是补铁补血的好食材，两者是天生的好搭档。

这是一道鲜美的家常汤，食材很常见，做法也简单，不需要过多的调味料就能煮出鲜香的效果，饭前给孩子喝一小碗暖暖的萝卜汤，开胃又养身。

2.5**小时**
烹饪时间

简单
难易程度

家常的才
最美味

筒子骨萝卜汤

做法 🍲

1. 将筒子骨提前用冷水浸泡半小时。

2. 白萝卜无需削皮，洗干净，去掉根须。

3. 把白萝卜切成大的滚刀块。

4. 姜去皮，切片。

5. 筒子骨、姜片置于砂锅内，加入约 2000 毫升的水至没过食材，大火煮开，撇去浮沫。

6. 水开后转小火，煲 1.5 小时后加入白萝卜块，用小火继续煲 20 分钟。

7. 加入枸杞再煮 10 分钟。

8. 撒盐调味，出锅即可。

材料

筒子骨	半根（约 500 克）
白萝卜	200 克
枸杞	5 克

调料

盐	1/2 茶匙
姜	10 克

烹饪秘籍

1. 煮骨头汤应先用大火再改小火，大火熬出骨胶原，小火煲出好味道。
2. 枸杞放得太早容易煮成黄色，影响汤色。

营养贴士

白萝卜被称为小人参，能健脾益气，清热化痰；骨头中含有丰富的骨胶原。小朋友常喝这款汤，能促进生长发育，提高免疫力。

胡萝卜玉米排骨汤

让孩子拥有强壮的身体是家长们共同的心愿。排骨和玉米是天生的好搭档，胡萝卜的加入能使汤汁更加甘甜。这个汤老少咸宜，十分家常。

孩子爱喝
妈妈放心

做法 🍲

1. 排骨清洗干净，切成小段备用。

2. 玉米切成大约 2 厘米厚的小段。

3. 胡萝卜洗净，削皮，切成 2 厘米长的段。

4. 荸荠削去外皮，姜切片。

5. 将排骨和姜片一起放入砂锅，加入约 1500 毫升清水，大火烧开。

6. 用汤勺撇去表面的浮沫，调至最小火，盖上盖子煲 1 小时。

7. 加入玉米、胡萝卜、荸荠，继续煮 30 分钟。

8. 出锅前加盐、鸡精调味即可。

材料

排骨	300 克
玉米	100 克
胡萝卜	1 根
荸荠	5 个

调料

姜	6 克
盐	1/2 茶匙
鸡精	少许

烹饪秘籍

1. 排骨刚开始煮的时候会有血沫浮起来，将这层浮沫用汤勺撇去，煮出来的汤会很清爽。
2. 如果没有荸荠、胡萝卜，也可以不放。

营养贴士

玉米健脾益胃，排骨中钙质和骨胶原的含量丰富，孩子常吃玉米排骨汤，有助于骨骼发育，还能让皮肤细腻光滑。

板栗山药羊排汤

2小时 烹饪时间 | **简单** 难易程度

在干燥的秋冬季，孩子需要这些温和滋补的汤水来补充营养。板栗和山药煮过之后变得很软糯，羊肉软烂可口，特别适合孩子吃。

香浓又滋补

做法 🍲

1. 羊排洗干净，切成 2.5 厘米长的小段，用清水浸泡半小时。姜切片，葱切小段。香菜洗净，切段。

2. 汤锅中加入约 2000 毫升清水，放入姜片、葱段煮开。

3. 加入羊排，大火煮开后转小火，煲 1.5 小时。

4. 板栗去皮、膜，洗净备用。

5. 铁棍山药去皮，洗净，切成长段。

6. 将山药段、板栗放入羊肉汤中再煲 20 分钟。

7. 加入枸杞，再煮 10 分钟。

8. 撒盐调味，盛出，放入香菜段即可。

材料

板栗	150 克
铁棍山药	150 克
羊排	300 克
枸杞	5 克

调料

姜	10 克
大葱	1 段
香菜	1 棵
盐	1/2 茶匙

烹饪秘籍

1. 铁棍山药去皮的时候要戴上一次性手套，否则皮肤粘到山药的黏液会感觉奇痒无比。
2. 生板栗用刀子在外皮上划一刀，放入清水中煮几分钟，很容易就可以脱去外壳了。

营养贴士

铁棍山药煮熟后细腻绵甜，有健脾胃的功效；板栗中维生素和蛋白质的含量丰富，对脾胃也十分有益；羊肉能抵御风寒，冬天多吃羊肉，手脚不冷。

番茄土豆牛腩汤

2.5小时 烹饪时间　**中等** 难易程度

酸爽不油腻

浓厚的番茄汤汁和牛腩是经典的搭配，尤其适合天冷时喝，炖上热气腾腾的一锅，孩子就着汤汁恐怕会吃下两碗饭把！

26

做法 🍲

1. 牛腩洗净，切成 1.5 厘米见方的小块。香菜洗净，沥干。

2. 牛腩入冷水锅煮开，关火，捞出来冲洗干净。

3. 西红柿洗净，切成 1 厘米见方的小丁。土豆削皮洗净，切成 2 厘米见方的块。

4. 起油锅烧热，倒入西红柿丁翻炒片刻。

5. 加入 2500 毫升的清水，大火煮开。

6. 将煮开的水和西红柿丁一起倒入砂锅中，倒入牛腩、姜片、料酒，调小火煲 1.5 小时。

7. 加入土豆块，再炖 20 分钟。

8. 加入盐调味后出锅，摆上香菜装饰即可。

材料

牛腩	300 克
西红柿	1 个
土豆	1 个

调料

姜	5 克
料酒	1 汤匙
盐	适量
香菜	适量
植物调和油	1 汤匙

烹饪秘籍

1. 西红柿可以撕去外皮后再切丁，这样煮出来的汤更好看。
2. 不同砂锅受热情况不同，如追求更软烂的口感，可以多炖半小时。

营养贴士 🌿

牛腩不仅含有丰富的 B 族维生素，还是铁元素的良好来源。多喝牛腩汤能使孩子不容易贫血，还能让其肌肉更结实，身体更强壮。

竹荪童子鸡汤

3小时 烹饪时间 | **简单** 难易程度

柔韧鲜嫩的竹荪搭配童子鸡熬成的汤，汤色清爽，口感十分丰富，且容易消化，恰好可以满足少年儿童的需求，既简单又营养。

汤浓味美

做法 🍲

1. 竹荪用淡盐水浸泡半小时，剪去封闭一端的菌盖，洗净。

2. 每根竹荪切成2段备用。将葱和姜洗净，葱打结，姜切片。香菜洗净，切碎。

3. 童子鸡处理好，洗净，去掉鸡脚。

4. 将葱结、姜片塞入鸡肚子里。

5. 汤锅中一次性加入足量的清水，放入整鸡，大火煮开。

6. 水开后锅中会逐渐浮出很多浮沫，用勺子将浮沫撇去。

7. 把竹荪、红枣加入锅中，转小火，加盖煮2小时。

8. 加入盐、鸡精调味，盛出，撒香菜碎即可。

材料

童子鸡1只（约500克）	
干竹荪	5根
红枣	3颗

调料

姜	5克
大葱	10克
盐	1/2茶匙
鸡精	少许
香菜	1棵

烹饪秘籍

1. 竹荪的菌盖一定要去除干净，否则会有怪味。
2. 这道汤也可以用蒸的方法，做出的鸡汤香味更浓郁。

营养贴士 🌿

童子鸡肉质细嫩，蛋白质含量丰富，结缔组织少，吃起来不会塞牙。用竹荪搭配童子鸡炖汤，常喝能强身健体。

宝宝的脾胃娇弱，适合吃些容易消化的食物。鸭血和豆腐都比较滑嫩，煮成的羹汤十分鲜美，一岁以上的小朋友也可食用。

15分钟
烹饪时间

简单
难易程度

把所有的
爱都给你

鸭血豆腐羹

做法 🍲

1. 嫩豆腐洗净，切成 1 厘米见方的小丁。姜切片。上海青洗净，沥干。

2. 鸭血洗净，也切成 1 厘米见方的小丁。

3. 将鸭血丁和 500 毫升冷水倒入煮锅，大火煮开后转小火煮 2 分钟，捞出鸭血丁备用。

4. 砂锅内加入约 1000 毫升水和姜片，大火煮开。

5. 倒入豆腐丁，转小火煮 10 分钟。

6. 加入余好水的鸭血丁，继续煮 5 分钟。

7. 倒入水淀粉，用汤勺搅匀。

8. 加入上海青和盐，淋上麻油即可。

材料

嫩豆腐	150 克
鸭血	150 克
上海青	2 棵

调料

盐	1/2 茶匙
姜	4 克
水淀粉	2 汤匙
麻油	1 汤匙

烹饪秘籍

市场上卖的鸭血质量参差不齐，购买的时候要仔细挑选。辨别真假鸭血并不难，真鸭血颜色一般为暗红色，有一股淡淡的血腥味，用手挤压很容易碎。

营养贴士 ✍

鸭血是宝宝补血食谱中的常见食材，豆腐含有大量的植物蛋白。孩子多喝点鸭血豆腐羹，能使气血充足，面色红润，还有助于长高。

排骨鸽子汤

这道汤像极了妈妈做的味道，小时候土灶上炖出来的肉汤的香味让我至今念念不忘。复刻传统的场景，还原儿时的味道，用简单锅具做出记忆中的好味道。

做法 ♨

1. 黄豆提前用清水浸泡 1 小时。小葱洗净，切葱花。

2. 排骨切块，洗净，放入凉水锅中煮开。

3. 撇去浮沫，捞出备用。

4. 鸽子提前处理干净，切成跟排骨同样大小的块，也汆一次水，捞出沥干。

5. 起油锅烧热，下入排骨块、鸽子块炒香（炒约 3 分钟）。

6. 将炒好的排骨块和鸽子块装入高压锅。

7. 加入泡好的黄豆，放入姜片和足量的水，上汽后小火煮 1 小时。

8. 待高压锅放汽后打开盖子，加盐调味，盛出，撒入葱花即可。

材料

排骨	200 克
鸽子	1 只
黄豆	20 克

调料

姜	5 克
盐	1/2 茶匙
小葱	1 根
玉米油	1 汤匙

烹饪秘籍

1. 这道汤适合用高压锅炖煮，既节省时间，炖出的肉质也更软烂。

2. 先用少量的油炒一炒，煮出来的汤能还原柴火灶煮汤的香味。

营养贴士 ✍

鸽子肉和排骨都含有丰富的蛋白质，炖出的汤不仅汤味极鲜，肉也香浓无比。孩子常喝此汤能面色红润，不容易贫血。

番茄鱼片汤

30分钟 烹饪时间 | 简单 难易程度

鱼汤营养丰富，可是鱼刺也多，大人们总是担心孩子被鱼刺卡到。这道番茄鱼片汤选用龙利鱼柳来做，龙利鱼柳肉厚无刺，不用担心鱼刺卡喉的危险。

无须吐刺的补脑汤

做法 🍲

1. 龙利鱼柳冲洗净，切成厚度约 2 毫米的鱼片。

2. 将鱼片用生粉、蛋清抓匀，腌制 10 分钟。小葱洗净，切葱花。

3. 西红柿洗净，顶部切十字花刀，放入开水里泡 2 分钟。

4. 沿着西红柿顶部刀口撕去外皮，切成小丁。

5. 烧开一锅水，将鱼片放进去烫熟，捞出备用。

6. 起油锅烧热，放入西红柿丁、番茄酱翻炒，倒入 1 汤碗清水煮开。

7. 撒盐调味，倒入烫好的鱼片轻轻拌匀。

8. 倒入大碗中，撒葱花即可。

材料

龙利鱼柳	200 克
西红柿	1 个

调料

盐	1/2 茶匙
番茄酱	10 克
蛋清	5 克
生粉	3 克
小葱	1 根
玉米油	1 汤匙

烹饪秘籍

1. 龙利鱼用生粉和蛋清腌制能使鱼片形状保持完好，不容易碎。

2. 烫熟鱼片只需 10 来秒钟，待鱼肉变白即可；余烫时间过久，鱼肉容易变老。

营养贴士 🌿

龙利鱼没有鱼刺，肉质细嫩鲜美，蛋白质含量十分丰富，搭配蔬菜中的"维 C 之王"西红柿做成汤，孩子多喝能使身体健壮，而且不易长胖。

孩子的成长离不开丰富的营养素，营养价值很高的鳕鱼就是非常适合孩子的一种食材。这道汤颜色艳丽，有翠绿、雪白、大红色，一下子就能吸引孩子的目光。

15分钟
烹饪时间

简单
难易程度

色彩
明丽
有童趣

番茄鳕鱼虾仁汤

做法 🍲

1. 鳕鱼肉冲洗干净，切成 0.5 厘米厚的块状。西蓝花用淡盐水浸泡 10 分钟后洗干净，掰成小块。明虾洗干净，剪去虾须和虾枪。

2. 西红柿洗净，切成小丁。洋葱剥去干皮，切同样大小的丁状。

3. 起油锅烧热，倒入西红柿丁煸炒成糊状。

4. 加入洋葱丁，翻炒出香味。

5. 加入高汤、西蓝花块，煮开后改为小火焖 5 分钟。

6. 往锅中加入鳕鱼块、明虾，煮熟。

7. 撒盐和白胡椒粉调味即可。

材料

鳕鱼肉	200 克
明虾	8 只
西红柿	1 个
西蓝花	60 克
洋葱	40 克

调料

高汤	700 毫升
白胡椒粉	少许
盐	1/2 茶匙
玉米油	1 汤匙

烹饪秘籍

1. 鳕鱼肉质鲜嫩，虾也很容易制熟，这两种食材在最后放入，有助于保持其鲜美的滋味。
2. 清洗鳕鱼的时候，要清理干净残留的鱼鳞。这样即使不放姜，煮出来的汤也不会腥。

营养贴士 🌿

鳕鱼富含优质蛋白，营养价值很高，被称为天然的脑黄金，又因其肉嫩而鲜美，故非常适合儿童食用。

丝瓜鸡蛋虾仁汤

30分钟 烹饪时间 | **简单** 难易程度

聪明的宝宝人人爱

小朋友的肠胃比较娇弱，多吃些容易消化的食物更有利于宝宝的成长。这个汤简单快手，营养丰富，口感清爽鲜美，很多小朋友都会喜欢。

做法 🍲

1. 丝瓜去皮洗净，切成滚刀块。

2. 鸡蛋打入碗中，姜切细丝。

3. 虾仁提前用水淀粉和一半的盐腌制 15 分钟。

4. 炒锅中倒入 1 汤碗水，放入姜丝煮开。

5. 加入丝瓜块，煮 5 分钟。

6. 鸡蛋搅散，缓缓倒入丝瓜汤中，边倒边搅拌。

7. 加入虾仁，烫 10 秒至虾仁变色。

8. 淋入橄榄油，加入剩余的盐调味即可。

材料

长条丝瓜	300 克
鸡蛋	1 个
虾仁	200 克

调料

盐	1/2 茶匙
水淀粉	1 汤匙
姜	5 克
橄榄油	少许

烹饪秘籍

1. 虾仁提前腌制，可以使口感更脆嫩、筋道。

2. 丝瓜在水开后再放入，能保持颜色碧绿。

营养贴士

1. 虾仁富含氨基酸，其中甘氨酸含量越高，虾仁越甜。

2. 丝瓜性凉，可通络去火。

泥鳅汤煮出来的汤汁呈乳白色，不用味精就特别鲜美，再搭配碧绿柔韧的丝瓜同煮，即便是口感挑剔的孩子也会很乐意接受的。

20分钟
烹饪时间

中等
难易程度

水中人参
很滋补

丝瓜泥鳅汤

做法 ♨

1. 丝瓜洗干净，用刮刀刮去外皮。

2. 把去了皮的丝瓜切成滚刀块。姜切细丝。小葱洗净，切葱花。

3. 泥鳅冲洗干净，用篮筐沥去水。

4. 起油锅烧至七成热，下泥鳅炸至硬挺、外皮焦脆。

5. 将炸好的泥鳅捞出，锅内留底油，下入姜丝炒出香味。

6. 倒入 1 汤碗开水，放入枸杞、泥鳅，大火煮 5 分钟。

7. 倒入丝瓜煮 3 分钟。

8. 加入盐调味，盛出，撒葱花、淋麻油即可。

材料

长条丝瓜	200 克
泥鳅	150 克

调料

盐	1/2 茶匙
姜	5 克
枸杞	10 颗
小葱	1 根
菜籽油	1500 毫升
麻油	1 汤匙

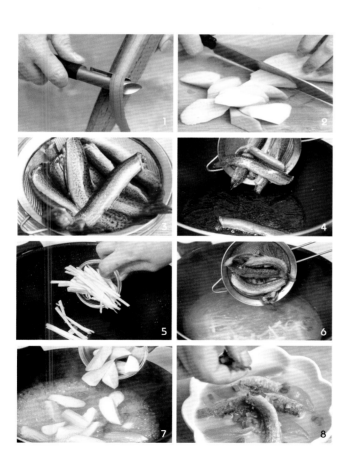

烹饪秘籍

1. 泥鳅要沥干水再油炸，否则容易溅油。炸过的泥鳅更容易熬出乳白的汤汁。

2. 用开水煮泥鳅汤，也有助于熬出白汤。

营养贴士 ✎

泥鳅肉高蛋白而低脂肪，肉质松软，营养易于被吸收；丝瓜性凉，可活血通络。二者煮成的汤鲜美可口，营养丰富，特别适合营养不良和身体虚弱的孩子。

虾仁豆腐蛋花汤

清新
滑嫩

20分钟 烹饪时间 | **简单** 难易程度

虾仁和豆腐都是钙质特别丰富的食物，粉嫩的虾仁搭配雪白的嫩豆腐煮汤，看上去清新淡雅，吃起来特别滑嫩，大多数孩子都会喜欢。

材料

基围虾	200 克
嫩豆腐	200 克
鸡蛋	1 个

调料

盐	1/2 茶匙
料酒	10 毫升
小葱	1 根
麻油	少许

烹饪秘籍

1. 基围虾的虾线要挑去，否则会影响汤的成色。
2. 汤中也可以加入豌豆、火腿丁之类食材，汤的营养和口感会更丰富。

做法

1. 基围虾洗净，去头、壳，挑去虾线。

2. 虾肉切成小丁，倒入料酒腌制 5 分钟。

3. 豆腐冲洗净，切成比虾仁稍大的块状。

4. 鸡蛋打入碗中，搅散备用。小葱切葱花备用。

5. 锅中加入 1 汤碗清水，放入豆腐块，烧开后小火煮 5 分钟。

6. 加入虾肉丁，并用汤勺轻轻搅拌。

7. 待虾肉丁变色后，倒入鸡蛋液搅动成蛋花状。

8. 撒入盐、葱花，滴入几滴麻油调味即可。

营养贴士 虾仁豆腐汤富含优质蛋白质、钙质以及多种维生素，对孩子骨骼生长发育有良好的辅助作用，特别适合儿童食用。

养颜美容汤

都说女人是水做的骨肉，

这话一点也不假，

女人的容颜离不开气血的支持，

要想拥有好气血，

喝汤是非常简单有效的方法。

百合莲子汤

新鲜的百合和莲子都是夏季的当季食材，煮起汤来快手又美味。每天忙忙碌碌，总有顾不上自己的时候，冰箱里多备上几样食材，想喝的时候，就能马上做出一碗好汤。

舒缓
安神汤

做法 🍲

1. 将莲子用清水浸泡 2 小时备用。

2. 雪梨洗净，对半切开，去核，切成月牙形薄片。

3. 百合掰开，去掉老化的部分，留下白嫩的百合肉。

4. 猪梅花肉去皮，加生粉、白胡椒粉和少许盐剁成肉泥。

5. 砂锅内加入清水，放入雪梨片、莲子、百合煮开，小火炖 10 分钟。

6. 将猪肉泥捏成几个扁扁的小圆饼，丢入锅中，煮大约 3 分钟。

7. 出锅前撒盐调味即可。

材料

新鲜百合	70 克
干莲子	50 克
猪梅花肉	100 克
雪梨	约 100 克

调料

盐	1/2 茶匙
生粉	1 克
白胡椒粉	少许

烹饪秘籍

莲子和新鲜百合都很容易煮烂，这些新鲜的食材要选用砂锅烹煮，不能用铁锅等容易氧化的锅具，否则汤色会发黑，影响食欲。

营养贴士

百合、雪梨、莲子都有润燥的功效，莲子更是安心凝神的好食物，与猪肉同煮能很好地去除猪肉的腥味，使汤汁鲜甜。睡前喝一碗百合莲子汤，能宁心安神，有助眠的功效。

不管任何时候，甜品总能让人心情愉悦。耐心地准备食材，看着它们从一个个生硬的食材变成一份份美味，享受亲手做美食的乐趣，这种感觉，有时比直接享受美味更令人满足。

90分钟
烹饪时间

简单
难易程度

水光潋滟
最懂女
人心

桃胶银耳黄桃羹

做法 🍲

1. 银耳、桃胶提前浸泡一晚上（约 12 个小时）。

2. 银耳去掉根部，用手撕成小碎片。

3. 泡发好的桃胶呈清澈透明状，用手稍微捏碎。

4. 砂锅内加约 2 升水，放入银耳、桃胶、红枣煮开。

5. 小火慢炖 1.5 小时。

6. 黄桃去皮去核，切成大块，加入银耳汤内。

7. 最后加入黄冰糖一起煮 10 分钟，关火，放至温热后即可食用。

材料

干银耳	15 克
桃胶	15 克
黄桃	1 个
红枣	4 颗

调料

黄冰糖	适量

烹饪秘籍

天热时泡银耳一定要在中途换两次水，防止长时间浸泡滋生细菌。最后炖煮的时候要用小火慢炖，冰糖在最后加入，不影响银耳出胶。

营养贴士

1. 银耳含有大量的钙和多种矿物质、氨基酸，有较高的营养价值。

2. 桃胶是由桃树上自然分泌的胶状物干燥而成的琥珀状固体，有抗皱嫩肤的功效，女性朋友常喝此汤，能使皮肤看起来水嫩光滑。

薏米冬瓜茶

喝出 S 形好身材

60 分钟 烹饪时间　**简单** 难易程度

许多人喜欢通过节食来减肥，可是这么做太伤身体，而且容易反弹。不妨试试多运动，配合清淡饮食，这才是不伤身体的减肥方式。

用料

冬瓜	400 克
薏米	50 克
冰糖	适量

烹饪秘籍

1. 保存煮好的冬瓜茶时，可以用纱布滤去渣滓，汤色会更清亮。可以多煮一些，冰镇后食用，比饮料还好喝。
2. 冰糖依据个人口味添加，喜甜就多放些，不喜甜就少放些。

做法

1. 薏米提前用清水泡 1 小时。
2. 电压力锅加水，加入薏米，煲 30 分钟。
3. 将冬瓜削去外皮，洗净，去掉内瓤，切成小块。
4. 将冬瓜块放入电压力锅中，再煮 20 分钟。
5. 加入冰糖煮至溶化即可。

营养贴士 薏米冬瓜茶有消暑、美白的功效，常饮能使皮肤保持细腻，在祛斑、改善皮肤粗糙方面都有良好的效果。

特殊的日子，总想偷个懒，告个假，宅在家里补补觉，再起身煲一碗补血汤，趁着温热大口喝下去，经期不适好像突然间都不见了。

三红汤

60分钟
烹饪时间

简单
难易程度

养血驻颜
我有妙招

用料

红衣花生	100 克
红豆	50 克
红枣	20 克
枸杞	5 克
古方红糖	20 克

烹饪秘籍

红豆提前浸泡是为了节省时间。如果想偷懒，可将全部食材直接丢入电炖锅煲煮即可。

做法

1. 将红豆提前浸泡 1 小时。

2. 将花生、红枣清洗干净。

3. 砂锅加入约 1.5 升水，放入红豆、红枣、花生，大火烧开。

4. 盖上锅盖，小火焖煮 1 小时左右。

5. 加入枸杞，再炖 10 分钟。

6. 加入红糖煮至溶化，装碗即可。

营养
贴士

1. 红豆可除湿热、散瘀血；红枣能宁心安神、益智补脑。
2. 红衣花生补血功效是白衣花生的数倍，女性朋友常喝此汤可血气充足，缓解冬天手脚冰冷的情况。

酒糟鸡蛋汤

生理期
的好帮手

20分钟 | **简单**
烹饪时间 | 难易程度

每月那几天真是女人最难熬的日子，尤其身为上班族更是难熬。这种事情又不好跟领导请假，那就多给自己煮点这款汤喝，能缓解疼痛。

用料

鸡蛋	2个
酒糟	2汤匙
红枣	3颗
枸杞	3颗
红糖	20克

烹饪秘籍

鸡蛋煮5分钟，中间带少量的溏心。如果不喜欢溏心的口感，可以再延长2分钟，煮至全熟。

做法

1. 红枣洗净，去核，切碎。
2. 奶锅中加入1汤碗的水，煮开。
3. 加入酒糟、红枣煮1分钟，让酒味挥发出来。
4. 转小火，磕入荷包蛋，放入枸杞，再煮5分钟。
5. 加入红糖搅匀。
6. 趁热装碗食用。

营养贴士 酒糟益气生津、活血消肿，酒糟鸡蛋很适合哺乳期妇女通乳。月经期间喝一碗，可调节气色，美容又养颜。

大骨汤是极传统的美味靓汤。苦瓜的加入，对于不爱苦瓜的朋友来说，可能会有些难以接受，但是尝一口之后，你就能知道它与你想象的不一样。苦瓜不仅没有使汤变苦，还赋予了汤排毒养颜的功效。

苦瓜大骨汤

2小时 烹饪时间　**简单** 难易程度

耐心等待
美味出锅

用料

筒子骨	半根（约400克）
黄豆	30 克
苦瓜	1 根（约200克）
姜	5 克
枸杞	10 颗
盐	1/2 茶匙
鸡精	少许

烹饪秘籍

砂锅受热程度不同，个人喜好的大骨软烂程度也不同，因此煲煮的时间可以适当增减。

做法

1. 黄豆提前浸泡 1 小时。

2. 筒子骨提前剁成大块，洗净。姜切片。

3. 砂锅中加入足量的清水，加筒子骨块、姜片，大火煮开。

4. 撇去浮沫后，继续煮约 20 分钟。

5. 加入泡涨的黄豆，转小火，煲大约 1.5 小时。

6. 苦瓜洗净，去内瓤，切大块，放入砂锅同煮半小时。

7. 最后 10 分钟加入枸杞同煮。

8. 放入盐、鸡精调味即可出锅。

营养贴士　苦瓜清凉，有清热解毒的功效。大骨中含有大量的胶原蛋白、钙质，有滋阴润燥、益气补血之功效。女性常喝苦瓜大骨汤，能排毒养颜，使脸上干净、不长痘。

桂圆肉饼汤

1 小时
烹饪时间

简单
难易程度

瓦罐汤是江西小吃，很有地方特色。江西人的早点常从一罐瓦罐汤和凉拌米粉开始。桂圆肉饼汤就是瓦罐汤中的一种，咸鲜微甜、不上火。家里准备一个插电的小炖锅，出门前准备上，回家就能喝上美美的汤了。

地方特色
风味小吃

做法 🍲

1. 桂圆去壳，姜切片，红枣、枸杞洗净备用。

2. 猪肉去皮，加盐、生粉剁成肉泥，放入碗中。

3. 加入 1 汤勺清水，用筷子朝着一个方向搅打上劲。

4. 把猪肉泥团成肉饼，大小和炖盅差不多，铺在炖盅底部。

5. 加入桂圆干、红枣、枸杞、姜片。

6. 一次性加入足量的水至没过食材，大约为炖盅的九分满。

7. 放入锅中隔水蒸 1 小时。

8. 加入盐调味即可。

材料

带壳桂圆	15 克
猪前腿肉	200 克
红枣	2 颗
枸杞	5 颗

调料

姜	4 克
盐	1/2 茶匙
生粉	少许

烹饪秘籍

1. 隔水炖的做法不会使水分减少，按照所需成品汤的量加水即可。

2. 如果没有电炖锅，把炖盅放在蒸笼上小火隔水蒸 1 小时也可以。

营养贴士 🌿

桂圆肉是典型的药食两用之品，有良好的滋养补益作用，可用于心脾虚损、气血不足所致的失眠、健忘、惊悸、眩晕等症状。用桂圆肉与猪肉一起煲汤简单易做，女性常喝此汤能宁心安神，保持面色红润。

2.5 小时
烹饪时间

简单
难易程度

强身健体
的好汤

花生莲藕排骨汤

上班的女性更不可随意对待自己的一日三餐，抽时间为自己煲一锅靓汤吧。莲藕、花生和排骨同炖，气味浓香，颇能慰藉疲惫的身体。

做法 🍲

1. 花生提前浸泡半小时。

2. 莲藕去皮洗净，切大块。姜切片。小葱洗净，切葱花。

3. 排骨切小段，洗净，入冷水锅，煮至水开即关火。

4. 捞出排骨，过冷水洗去表面的残渣。

5. 将排骨、姜片、花生、莲藕块装入电炖锅。

6. 一次性加入足量的水（约 2 升）。

7. 小火慢炖 2 小时。

8. 加入盐调味，撒葱花即可。

材料

花生	20 克
莲藕	200 克
排骨	300 克

调料

姜	1 块
小葱	1 根
盐	1/2 茶匙

烹饪秘籍

排骨汆水的时候要冷水下锅，水开就立即关火，这样做能充分排出排骨里的血水，煮出来的排骨汤汤色更清亮。

营养贴士

莲藕是非常适合女性食用的根茎类食材，可凉血活血、滋养脾胃，将其与排骨同煮，不仅口感相得益彰，还能让人面色红润，气血充盈。

55

女人大多怕老，可是再昂贵的化妆品也阻挡不住衰老的脚步。除日常保养之外，我们还需要由内而外的滋润，内外兼顾，才能延缓衰老，保持皮肤紧致年轻态。

90分钟
烹饪时间

简单
难易程度

小脸紧致光滑

苹果雪梨煲猪脚

做法 🍲

1. 猪脚洗净，剁成大块。

2. 姜切片。雪梨、苹果分别洗净。

3. 将猪脚放入煮锅中，加入冷水，煮至水开即关火。

4. 将猪脚捞出，用温水冲洗干净。

5. 砂锅中加水，放入猪脚、姜片，大火煮 10 分钟，改小火煮 1 小时。

6. 煲猪脚的时候，把雪梨、苹果分别切 4 大块，去核。

7. 砂锅中加入雪梨块、苹果块，再煲 20 分钟。

8. 关火后，加盐调味即可。

材料

猪脚	400 克
雪梨	约 200 克
苹果	约 150 克

调料

姜	10 克
盐	1/2 茶匙

烹饪秘籍

1. 猪脚提前氽一下水，能去除大半的腥味，这样煮出来的猪脚汤汤色清爽，汤汁鲜美、无异味。

2. 苹果和雪梨无须去皮，用细盐搓洗干净即可。

营养贴士 🌿

猪脚富含胶原蛋白；雪梨汁水清冽甘甜，可除燥润肤；苹果酸甜开胃。这三种食材一起煮成的汤，能让皮肤更滋润，还能降火。

当归羊肉汤

3小时
烹饪时间

简单
难易程度

羊肉自古以来就是滋补型肉类的典型。好的羊肉，不会有刺鼻的腥膻味，还会有种淡淡的奶香。内蒙古草原和新疆的羊肉被公认最为优质。

手脚经常冰凉、产后虚寒的女性，在寒冷的天气里喝上一碗羊汤，会浑身暖乎乎的。

古法养生
美容养颜

做法 🍲

1. 羊肉切成大块。

2. 羊肉放入锅中，加入冷水，大火煮 20 分钟。

3. 煮的过程中汤表面会起一层浮沫，用汤勺撇去浮沫。

4. 姜切片。香菜洗净，切碎。

5. 当归、姜片放入煮羊肉的锅中，小火炖 2 小时。

6. 最后 1 小时加入红枣一起炖。

7. 加入枸杞煮 10 分钟。

8. 起锅加入盐，撒香菜碎装饰调味即可。

材料

羊肉	400 克
当归	10 克
枸杞	10 颗
红枣	3 颗

调料

盐	1/2 茶匙
姜	6 克
香菜	2 根

烹饪秘籍

1. 如果羊肉的膻味重，可以先提前氽一道水，或者加白萝卜一起炖，这些都是去膻味的好办法。

2. 为防止煮得汤色发黄，枸杞不要加入得太早。

营养贴士 🌿

1. 羊肉含有丰富的优质蛋白和多种矿物质及维生素，有温补气血的功效。当归入血，能提高羊肉温补的效果。常喝当归羊肉汤能使人气血充足，改善手脚冰冷的症状。

2. 喝当归羊肉汤时，尽量少吃生冷寒凉的食物。感冒期间不宜喝当归汤。

黑色的食物并不一定不好吃。美食界里很多黑色的食物营养特别丰富。例如：乌鸡就比普通鸡更有营养，而益母草是众所周知的女性养颜草。

2.5小时
烹饪时间

简单
难易程度

喝出好气色

益母草乌鸡汤

60

做法 🍲

1. 乌鸡洗净，切大块。

2. 姜切片。益母草、红枣洗净，沥干。

3. 砂锅中放入乌鸡块，加清水没过鸡块，大火煮至水开就关火。

4. 用漏勺捞出乌鸡块，控干水备用。

5. 往砂锅中加入约2升的清水，放入乌鸡块、益母草、红枣、姜片，大火煮开。

6. 水开后调小火慢煲2小时。

7. 最后10分钟加入枸杞同煮。

8. 撒盐调味即可。

材料

乌鸡	半只（约350克）
益母草	20克

调料

姜	10克
枸杞	5克
红枣	3颗
盐	1/2茶匙

烹饪秘籍

益母草忌遇铁器，煮的时候千万不要用铁锅。

营养贴士 🌿

1. 益母草具有活血调经、祛瘀止痛的作用，女性经期服用益母草能减轻生理痛的困扰。

2. 乌鸡的各种营养指数都高于普通鸡，常喝乌鸡汤可美容养颜。

3. 孕妇不要服用益母草汤，有滑胎的风险。

猴头菇因形状似猴头而得名，很受素食爱好者们青睐，是一味鲜美的山珍。古人有"宁负千石粟，不负猴头羹"的说法，表达了对猴头菇的喜爱。

山珍海味
只喜欢你

猴头菇鸡汤

做法 🍲

1. 猴头菇洗净，去根蒂，在30℃的温水中浸泡2小时。

2. 捞出猴头菇，用清水反复漂洗，挤干水备用。

3. 洗好的猴头菇加料酒、高汤和3克姜片，小火煮1小时。

4. 煮好的猴头菇切片。三黄鸡洗净，切块。小葱洗净，切葱花。

5. 电炖锅内加水，放入三黄鸡块、猴头菇和剩余姜片。

6. 小火慢煲2小时。

7. 最后10分钟加入枸杞一起煮。

8. 出锅前加入盐调味，盛出，撒葱花即可。

材料

猴头菇	100 克
三黄鸡	半只（约400 克）
高汤	1000 毫升

调料

小葱	1 根
枸杞	10 颗
姜片	8 克
料酒	1 汤匙
盐	1/2 茶匙

烹饪秘籍

1. 猴头菇本身有一定的苦味，需提前浸泡涨发、蒸煮，将苦味去除，然后再进行烹制。

2. 泡发猴头菇的时候，水温不宜过高，以不烫手为宜。

营养贴士 🌿

猴头菇性平，利五脏，可滋补身体。工作劳累的女性常喝此汤能缓解疲劳和滋养胃部。

厨房里的小事，看似烦琐，实则处处有学问。简单的一锅鸡脚汤，要细火慢熬，材料添加要遵照先后顺序，才不枉费一番辛苦，做得一碗色香味俱全的营养汤。

1 小时
烹饪时间

简单
难易程度

不可辜负的好滋味

黄豆鸡脚汤

做法 🍲

1. 胡萝卜、莴笋洗干净，去皮，切成滚刀块。姜切片。

2. 干香菇、黄豆提前用冷水泡发。

3. 鸡脚洗净，剪去指甲。

4. 锅中加冷水，放入鸡脚、料酒和一半的姜片煮开，关火。

5. 煮好的鸡脚用温水冲洗干净。

6. 砂锅内加入适量水，放入鸡脚、香菇、黄豆、胡萝卜块和剩余姜片，大火煮开。

7. 转小火煮 50 分钟后，加入莴笋块煮 10 分钟。

8. 撒入胡椒粉和盐调味即可。

材料

鸡脚	300 克
黄豆	100 克
胡萝卜	60 克
莴笋	80 克
干香菇	2 朵

调料

料酒	1 汤匙
盐	1/2 茶匙
姜	6 克
胡椒粉	少许

烹饪秘籍

鸡脚经过提前汆水后煲出来的汤没有腥味，汤汁呈乳白色，又有胡萝卜、绿莴笋点缀，看上去十分清新。

营养贴士

鸡脚中含有丰富的胶原蛋白、钙质，可以强化骨骼；胡萝卜、黄豆和莴笋也都是富含钙质的蔬菜，上述食材煲成的汤能滋养皮肤、强筋健体。

猪肚包鸡汤

2.5小时 烹饪时间　**复杂** 难易程度

猪肚包鸡是客家名菜，它还有个很有意思的名字——凤凰投胎。鸡同凤凰，包入猪肚，小火煨熟，宛如凤凰投胎。猪肚爽口，鸡肉鲜美，简直是人间少有的美味。

别出心裁的传统好汤

做法 ♨

1. 猪肚用面粉、盐（分量外）、清水，里里外外反复搓洗干净。

2. 童子鸡去头、脚，清洗干净。

3. 把葱打结，和一半姜片一起塞入鸡肚子里。

4. 再将鸡填入猪肚中，开口处扎上牙签封口。

5. 将猪肚鸡放入砂锅中，加入剩余姜片，倒入约3升的清水至没过猪肚鸡。

6. 大火煮开，小火煲2个小时，期间用勺子撇去浮沫。

7. 将猪肚鸡捞出，取掉牙签，用刀划开猪肚，先将鸡取出，然后把猪肚切成约0.6厘米宽的条。再拿掉鸡肚内的葱、姜，把鸡肉也撕成条。

8. 将猪肚和鸡重新放回汤锅，加入枸杞再煮5分钟，撒入盐、白胡椒粉调味即可。

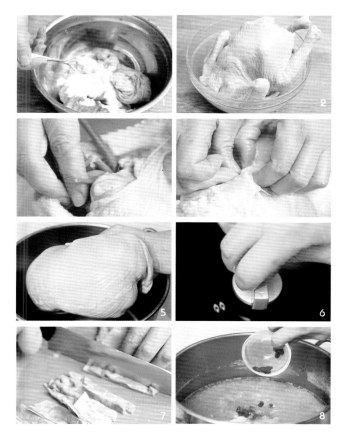

材料

猪肚	1个
童子鸡	1只（约500克）

调料

枸杞	8克
姜片	10克
细香葱	3根
盐	1/2茶匙
白胡椒粉	少许
面粉	少许

烹饪秘籍

猪肚清洗起来比较麻烦，可用面粉和盐作为洗涤剂，反复搓洗猪肚，不但能把猪肚彻底洗干净，还能去除猪肚的腥味。

营养贴士 ✎

1. 猪肚含有蛋白质和钙等多种营养，滋补效果特别好。

2. 童子鸡肉质细嫩，吃起来不易塞牙，且蛋白质含量高、脂肪含量少。

3. 胡椒粉可温中顺气，常吃胡椒猪肚鸡能使身体越来越健康，气血充足。

我对茶树菇有种深深的迷恋，新鲜茶树菇爽脆
可口，干茶树菇香软有嚼头，无论大火烹炒还是小火
树菇老鸭汤是一道经典佳肴，鸭肉炖得软烂
汤汁与鸭子融合得恰到好处。

一碗老汤
唤醒疲惫
的心灵

3小时
烹饪时间

简单
难易程度

做法 🍲

1. 茶树菇用淡盐水浸泡 20 分钟。

2. 火腿切 3 毫米厚的片状，姜切片，小葱切碎。

3. 鸭子用清水洗干净，剁成 1.5 厘米见方的块状。

4. 起油锅烧热，下入鸭块和姜片，大火煸炒出肥油。

5. 砂锅内加入足量清水，放入鸭块、料酒、火腿片，大火煮开。

6. 浸泡好的茶树菇用清水冲洗干净。

7. 放入鸭汤中，小火再煲 2.5 小时。

8. 出锅撒入盐和葱碎调味即可。

材料

老鸭	半只（约 350 克）
干茶树菇	40 克
金华火腿	15 克

调料

姜	7 克
盐	1/2 茶匙
料酒	1 汤匙
细香葱	1 根
玉米油	1 汤匙

烹饪秘籍

1. 茶树菇容易残留沙子，需先提前浸泡，然后充分冲洗掉泥沙，吃起来口感才好。

2. 老鸭一般比较大，两口之家炖半只就足够了。炖的过程中不要添加过多的调味料，以免掩盖了茶树菇和鸭子本身的鲜味。

营养贴士 🌿

1. 茶树菇温和无毒，可补肾滋阴、抗衰老、美容。

2. 鸭肉性凉，好吃不上火。常喝此汤，令人皮肤光滑、面色红润。

党参鸽子汤

煲肉汤的时候，很喜欢丢些药食同源的食材进去。党参是个很好的选择，价格便宜、功效多，本身淡淡的药香味不但不会让人反感，反而有一种神秘感，引人忍不住想去尝一口。

就是这么
滋补的
靓汤

做法

1. 将鸽子处理好，洗净，剁成大块；排骨切成段，洗净。

2. 党参冲洗一下，姜切片。

3. 鸽子和排骨入冷水锅，加入 2 片姜，大火煮到水开后关火，捞出沥水。

4. 起油锅烧热，下入鸽子块、排骨段煸炒出香味，关火。

5. 将炒香的鸽子块、排骨段放入电炖锅中，加入党参、当归、剩余的姜片和足量的水，小火慢炖 1 小时。

6. 加入红枣，继续小火慢炖 1 个小时。

7. 出锅前撒入盐和切碎的小葱调味即可。

材料

鸽子	1 只
猪肋排	150 克
党参	1 根
当归	2 片

调料

红枣	2 颗
盐	1/2 茶匙
姜	5 克
细香葱	1 根
玉米油	1 汤匙

烹饪秘籍

1. 汆水后的鸽子和排骨若直接炖，口感会偏寡淡，用油爆炒一下，香味就激发出来了。

2. 用隔水炖的做法更能牢牢锁住汤的营养和鲜味。若没有电炖锅，砂锅也是个很好的选择。

营养贴士

1. 党参是名贵的中药材，不可以长时间大量服用，否则会补气太过，反而伤害人体的正气，生邪燥。

2. 鸽肉是高蛋白、低脂肪的肉类，是高级的滋补品。

3. 肋排中蛋白质、脂肪含量丰富，少量肋排的加入可使汤水营养更全面，味道更醇厚。

4. 适当喝些党参鸽子汤有助于女性朋友调理气血，保持脸色红润。

乌鱼肉丝汤

女人剖宫产手术后元气大伤，需要些收敛的汤水帮助伤口快速愈合，恢复身体机能。乌鱼刺少柔嫩，煲成的汤十分鲜美可口，还能有效地促进伤口愈合，产妇一定会爱上它。

有爱的生活才完美

做法 ⚒

1. 乌鱼去内脏，清洗干净，切块备用。

2. 里脊肉洗干净，切细丝，用料酒腌制5分钟。

3. 新鲜毛豆洗干净。木耳泡发好，洗净。

4. 姜切片，葱打结。

5. 起油锅烧热，下入姜片、乌鱼块煎香。

6. 加开水进去，至没过乌鱼块，大火煮5分钟。

7. 加入毛豆、木耳、肉丝、葱结，小火煮10分钟。

8. 起锅前撒盐调味即可。

材料

乌鱼　　1条（约500克）
猪里脊肉　　　　　150克
毛豆　　　　　　　 50克
水发木耳　　　　　 30克

调料

姜　　　　　　　　 7克
盐　　　　　　　1/2茶匙
料酒　　　　　　　1汤匙
细香葱　　　　　　 2根
葵花子油　　　　　1汤匙

烹饪秘籍

1. 煮鱼汤一定要选新鲜的活鱼，鱼的新鲜程度越高，越容易熬出浓白的汤汁。
2. 鱼要先煎，再加开水大火猛煮，这样煮出来的鱼汤洁白浓香。

营养贴士 🌿

乌鱼肉质细嫩，能祛瘀生新、滋补身体、消除水肿，适合产后、病后的妇女食用，能加速伤口愈合。

荸荠鱼肚羹

鱼肚又称花胶，是对女性朋友驻颜有益的补品。花胶汤在饭店里颇为常见，经常被列为高档汤品；虽准备过程稍显烦琐，但制作过程比较简单。

破解青春永驻的密码

做法 🍲

1. 鱼肚提前一晚上泡发，切成细丝。

2. 虾仁用盐和生粉抓匀，腌制 15 分钟。

3. 荸荠去皮，洗净，切片。香菇洗净，去根，切片。木耳洗净，切丝。上海青洗净，切碎。

4. 将鱼肚丝、荸荠片、香菇片、木耳丝放入锅中，加水煮 20 分钟。

5. 鸡蛋磕入碗中搅散，缓缓倒入鱼肚汤里，边倒边用汤勺搅动。

6. 虾仁洗净，放入锅中，再加入青菜碎。

7. 生粉加水调成稀糊状，缓缓倒入汤中，用汤勺搅拌均匀。

8. 放入盐调味，淋入橄榄油，出锅即可。

材料

水发鱼肚	100 克
荸荠	40 克
虾仁	30 克
鸡蛋	1 个
香菇	1 朵
水发木耳	30 克
上海青	30 克

调料

生粉	1 茶匙
盐	1/2 茶匙
橄榄油	适量

烹饪秘籍

1. 挑选花胶时，可以把花胶放在灯光下照一照，半透明状为质量上乘。

2. 虾仁提前用盐和生粉腌制片刻，然后洗净后再烹制，口感更脆嫩。

营养贴士 🌿

花胶含有丰富的胶原蛋白、多种维生素及微量元素，其中蛋白质含量极高，脂肪含量少，能调节女性的内分泌，保养卵巢，滋养修复受损的子宫，是对女性特别有益的食材。

鲫鱼豆腐汤

30分钟 烹饪时间　**简单** 难易程度

胃口欠佳的时候需要来碗鲜美的浓汤，鲫鱼豆腐汤正是不二之选。鲜美的鱼汤里是煮的浸满了鲜香滋味的豆腐，营养滋补还不胖人。这样的美味，来上两碗都不嫌多。

用料

鲫鱼	1条（约300克）
老豆腐	150克
姜	1块
细香葱	2根
料酒	1汤匙
盐	1/2茶匙
葵花子油	1汤匙

烹饪秘籍

1. 鲫鱼不要直接煮，须先煎后煮，然后大火快煮，才能煮出浓白的汤汁。
2. 鲫鱼也可以用鲤鱼、草鱼及其他常见的鱼类代替。

做法

1. 鲫鱼处理好后洗干净，用料酒腌制15分钟。
2. 豆腐洗净，切成约1厘米见方的块状。
3. 姜切片，葱打结。
4. 起油锅烧热，下入鲫鱼煎制。
5. 煎至鲫鱼两面焦黄。
6. 趁热加入开水，大火煮5分钟。
7. 加入豆腐块、姜片、葱结，小火煮10分钟。
8. 撒入盐调味，出锅即可。

营养贴士 | 鲫鱼所含的氨基酸种类丰富，且易消化吸收。鲫鱼豆腐汤是温和滋补的好汤，哺乳期妇女多喝此汤有助于下奶。

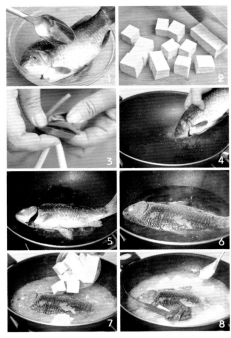

CHAPTER 3

知心爱人汤

男人是家中的顶梁柱，
事业和生活的双重压力，
都会给男人带来不小的
精神压力和体力损耗，
所以男人更需要进补。
药补不如食补，
喝汤是快捷的滋补方式，
不同的汤有不同的功效，
男士们可以根据自身的身体状况
选择适合自己的好汤。

菌菇豆腐汤

30 分钟
烹饪时间

简单
难易程度

**菌菇养生
远离癌症**

菌菇的鲜味比味精要鲜美得多。一些常见的菌菇类
价格不贵，购买也方便，大商场里甚至专门售卖菌
菇拼盘。用菌菇代替味精，简单烹煮，就能得到一
碗珍馐，鲜浓可口。

做法 🍲

1. 将嫩豆腐冲洗净，切成 1 厘米见方的小块。

2. 菌菇分别切掉老根，洗净，白玉菇切段，香菇、口蘑切成薄片。

3. 芹菜去掉老叶，洗净，切成 1 厘米长的小段。火腿切 0.4 厘米粗的丝。

4. 鸡蛋磕入碗中，用筷子搅散成蛋液。

5. 高汤倒入锅中，加入嫩豆腐块、火腿丝，大火煮开后调中小火煮 5 分钟。

6. 加入香菇片、口蘑片、白玉菇段、芹菜段，再煮 2 分钟。小葱洗净，切葱花。

7. 淋入蛋液搅散呈蛋花状。

8. 加入盐、橄榄油调味，盛出，撒葱花装饰即可。

材料

香菇	1 朵
口蘑	1 朵
白玉菇	60 克
嫩豆腐	200 克
芹菜	40 克
金华火腿	20 克
鸡蛋	1 个
高汤	1000 毫升

调料

小葱	1 根
盐	1/2 茶匙
橄榄油	1 汤匙

烹饪秘籍

各种菌菇可以灵活替换，比如金针菇、蟹味菇、杏鲍菇都可以用来煮汤。如果没有高汤，可以用浓汤宝。芹菜可以换成青菜、胡萝卜之类。取材多变，鲜味不改。

营养贴士

菌菇类食材鲜香柔嫩，入口绵柔，含有丰富的蛋白质、维生素、矿物质，与豆腐同煮能产生极其鲜美的香味，可谓是天然的味精。男士多吃菌菇能改善疲劳，增强免疫力。

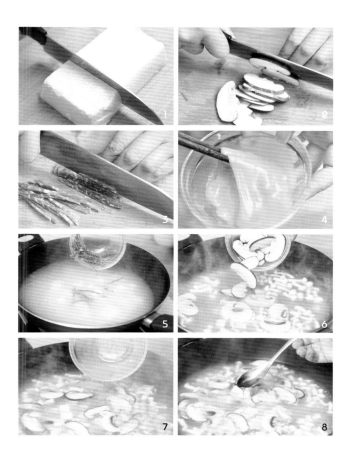

这是一道清爽的汤，简单却不失鲜美。花生和板栗都是补肾之物，一同煲汤很适合男士食用。用电炖锅煲上，没有一点油烟，安安静静等待一锅好汤出锅吧。

80 分钟
烹饪时间

简单
难易程度

腰好腿好
身体好

板栗花生瘦肉汤

做法 🍲

1. 花生米洗净，用清水煮 5 分钟。

2. 将花生米剥去粉色外皮。姜切片。

3. 板栗上用刀划一刀，放开水里煮 2 分钟。

4. 剥去板栗的外皮，留黄色果肉。

5. 西蓝花、胡萝卜、里脊肉分别洗净，切成大约 2 厘米见方的块备用。

6. 将里脊肉块、胡萝卜块、板栗、花生米、姜片放入炖锅，加水至炖锅九分满，小火慢炖 1 小时。

7. 最后 5 分钟加入西蓝花同煮。

8. 炖好后撒入盐调味即可。

材料

里脊肉	300 克
新鲜板栗	150 克
干花生米	80 克
西蓝花 2 朵（约 40 克）	
胡萝卜	40 克

调料

姜	5 克
盐	1/2 茶匙

烹饪秘籍

花生皮有苦涩的味道，且煮的时候会褪色，影响汤的颜色，所以需提前剥去。

营养贴士 🌿

板栗中维生素 C 的含量是苹果的十几倍，还含有丰富的矿物质；花生中的脂肪酸能让心脏更健康。花生和板栗都是补肾的好食物，对男士因脾胃虚寒引起的腹泻、腰膝酸软有良好的缓解作用。

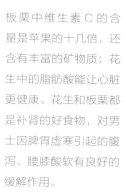

不要被猪腰的形状给吓到了，它可是名副其实的大补之品。家常猪腰汤做法非常简单，只需注意几个小小的细节，你也能做出非常好喝的猪腰花汤。

30分钟
烹饪时间

简单
难易程度

一碗根本
喝不够

瘦肉腰花汤

做法 🍲

1. 猪腰子洗净，对半剖开。

2. 剔去内部白色的筋膜。

3. 处理干净的猪腰子切成薄片，里脊肉切成 4 毫米粗细的丝。

4. 水发木耳、小青菜用清水洗干净，姜切片。

5. 起油锅烧热，下入姜片炒香。

6. 加入腰片和肉丝、木耳翻炒。

7. 加入料酒和 1 汤碗开水，大火煮开至汤水浓白。

8. 放入小青菜烫熟，加入盐、白胡椒粉调味即可。

材料

猪腰	1 对
猪里脊肉	50 克
水发木耳	15 克
小青菜	1 棵

调料

盐	1/2 茶匙
白胡椒粉	少许
料酒	1 汤匙
葵花子油	1 汤匙

烹饪秘籍

猪腰内部的白色筋膜是猪腰腥味的来源，要把这些白筋剔除干净，煮出来的汤才没有异味。先炒再煮，立即冲入开水，更容易把汤汁熬得浓白。

营养贴士

猪腰子就是猪肾，含有钙、铁、磷和维生素等，男士常喝猪腰汤，能缓解肾虚导致的腰酸、腰痛。

中国人对饮食讲究以形补形，猪心汤适合精神压力大、失眠健忘者。用猪心熬制的汤，汤汁鲜美，隔三岔五喝一回，能养心安神。

2.5小时
烹饪时间

简单
难易程度

党参猪心汤

陪伴是
最长情的
告白

做法 🍲

1. 猪心冲洗干净，对半切开，冲洗掉残留的血水。

2. 猪心撒上盐、面粉，反复揉搓。

3. 用清水冲掉面粉，猪心就洗得很干净了。

4. 将猪心切成薄片，姜切片。

5. 锅中加入冷水，放入猪心片、姜片，开大火煮，水开即关火。

6. 捞出猪心再次冲洗干净。里脊肉切丝。

7. 将所有食材加入电炖锅中，慢火煲2小时至猪心熟烂。

8. 撒入盐和白胡椒粉调味即可。

材料

猪心	1 个
猪里脊肉	150 克
党参	10 克

调料

面粉	2 汤匙
姜	1 块
盐	1/2 茶匙
白胡椒粉	少许

烹饪秘籍

猪心好吃却不易清洗。很多人不会处理猪心，其实只要借助一勺面粉（没有面粉可以用生粉代替），再加少许盐一同搓洗，就能轻松地洗去猪心里的血污，且清洁的同时还能消毒杀菌。

营养贴士 🌾

1. 猪心含有丰富的蛋白质、脂肪等，可以养心补肾、安神活血，适合工作过于疲劳、精神压力大、心烦气躁、健忘者食用。

2. 党参是一种中药材，可补益身体，但不宜长期大量服用，否则会伤害人体的正气，生邪燥。

常被称为的健康食品，广东地区称之为猪红。在
⋯⋯⋯⋯⋯⋯都能⋯⋯到猪血汤的身影，猪血汤制作
⋯⋯鲜美天然味道。在刚煮好的猪血汤里趁热撒上
⋯⋯寒冷的冬日里来上一碗，暖胃舒心。

30 分钟
烹饪时间

简单
难易程度

益气补血
活力满满

猪血豆腐汤

做法 🍲

1. 将猪血和嫩豆腐洗净，切成 1 厘米见方的小块。

2. 瘦肉洗净，切成 0.4 厘米粗细的肉丝。姜切细丝。

3. 菠菜洗干净，去根。韭菜切 2 厘米长的段。

4. 起油锅烧热，下入姜丝、肉丝爆香。

5. 加入猪血块略微翻炒至表面变色。

6. 倒入开水至没过猪血块，大火煮开。

7. 加入豆腐块、料酒、老抽，中小火煮 8 分钟。

8. 加入菠菜、韭菜段、盐、老醋、白胡椒粉，煮几十秒即可。

材料

猪血	150 克
嫩豆腐	100 克
瘦肉	20 克
菠菜	30 克
韭菜	20 克

调料

料酒	1 汤匙
老抽	少许
盐	1/2 茶匙
白胡椒粉	1 克
老醋	1/2 汤匙
姜	5 克
玉米油	1 汤匙

烹饪秘籍

1. 猪血提前用油高温略炒，能有效去除其腥味。

2. 嫩豆腐不需久煮，以 8 分钟左右为宜。

营养贴士 🌿

猪血中含有丰富的铁元素，有良好的补血功能。嫩豆腐中含有丰富的植物蛋白和多种矿物质。二者同煮，在补血的同时还能净化血管，改善骨质疏松等。

无花果是很好吃的水果，新鲜的无花果可以直接吃，也可以用来做成各种点心，还可以晒干后用来煲汤。无花果干有清热解毒的功效，跟莲藕、花生同煲，汤汁醇厚。

2小时
烹饪时间

简单
难易程度

润肺解毒
延年益寿

无花果莲藕龙骨汤

做法 🍲

1. 猪龙骨切成 10 大块，冲洗净。

2. 将龙骨冷水入锅，煮至水开即关火。

3. 捞出龙骨，用温水冲去血沫备用。

4. 莲藕去皮，洗净，切成约 30 克重的块。无花果干、枸杞洗干净，姜切片。

5. 炖锅中加入约 2000 毫升的水，放入龙骨块、莲藕块、姜片，大火煮开后改小火煲 1 小时。

6. 加入无花果干，再煲半小时。

7. 最后 5 分钟加入枸杞同煲。

8. 出锅前撒入盐调味即可。

材料

龙骨	500 克
莲藕	200 克
无花果干	6 个

调料

姜	10 克
枸杞	5 克
盐	1/2 茶匙

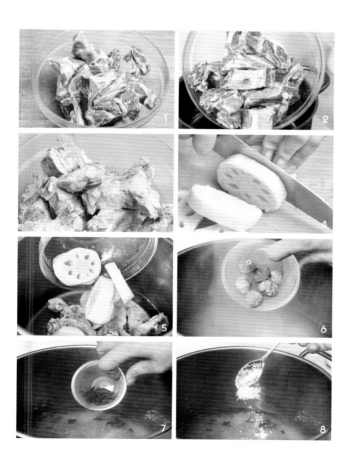

烹饪秘籍

选择炖汤的莲藕有诀窍——莲藕有七孔和九孔之分。切开莲藕看截面，七孔的莲藕淀粉含量高，口感软糯，适合煲汤；九孔藕口感偏脆嫩，汁水多，适合凉拌或清炒。

营养贴士 🌿

无花果干中含有蛋白酶等，能促进消化，润肠道，是爱煲汤的广东人最爱的食材之一。常喝无花果汤有清心润肺之效。

海带是不可多得的降血压的好食材。海带排骨汤不仅美味，还有很高的营养价值，其做法简单家常，不需要特殊的技巧，有时间可多给自己煲来喝。

男人也需要点颜色

海带玉米排骨汤

做法 🍲

1. 将排骨洗干净，切成 2 厘米长的段。姜切片。海带结、玉米洗净，沥干。

2. 锅中加入冷水，放排骨段、姜片进去，大火煮至水开就关火。

3. 将排骨捞出，用温水冲去血沫。

4. 起油锅烧热，下入排骨煎至表面略微呈金黄色。

5. 一次性加入足量的开水（约 2000 毫升），煮开，大火炖 20 分钟至汤汁变成浓白。

6. 将排骨段连汤一起倒入砂锅中，加入海带结、玉米，小火先煲 1 小时。

7. 将胡萝卜洗净，切成约 10 克重的滚刀块，加入汤中继续煲 20 分钟。

8. 撒入盐调味，出锅即可。

材料

排骨	400 克
海带结	100 克
玉米	150 克
胡萝卜	100 克

调料

姜	7 克
盐	1/2 茶匙
玉米油	1 汤匙

烹饪秘籍

玉米建议选用黄玉米，不要去掉玉米芯，这样煮出来的汤鲜美微甜，有独特的田野清香。排骨先用大火煮，后改小火慢炖，能熬出浓白的汤汁。

营养贴士 🌿

1. 排骨中含有丰富的蛋白质、钙质、骨胶原等，对骨质健康有益。

2. 海带含有丰富的矿物质，玉米含有大量的胡萝卜素、膳食纤维，均是非常有益健康的食材。

3. 上述食材一起煲汤，能帮助男士排出身体毒素，健康长寿。

霸王花扇骨汤

广东人的
老火靓汤

这道汤是传统的广式靓汤，不但是广东地区的家常
汤水，还是大饭店里常见的汤品。霸王花又叫剑花，
将其晒干后煮汤，汤汁清香微甜，可润肺止咳。

做法 🍲

1. 霸王花冲洗一下，提前用水浸泡约 1 小时，仔细洗净。

2. 猪扇骨剁成约 30 克重的大块，洗净。姜切片。

3. 将猪扇骨和冷水一起入锅，放入 4 克姜片，大火煮开即关火。

4. 将猪扇骨捞出，用温水冲洗干净。

5. 将霸王花和猪扇骨一起放入电炖锅中，加入剩余姜片，慢火煲半个小时。

6. 将胡萝卜洗净，切成约 15 克重的滚刀块。

7. 电炖锅中加入胡萝卜块和蜜枣，继续炖 1 小时。

8. 撒入盐调味即可。

材料

猪扇骨　　1 片（约 500 克）
胡萝卜　　　　　　200 克
霸王花　　　　　　40 克

调料

蜜枣　　　　　　　6 颗
姜　　　　　　　　8 克
盐　　　　　　1/2 茶匙

烹饪秘籍

1. 霸王花浸泡前后要仔细清洗，因为晒干的时候花缝里会藏匿一些沙土，如果未清理干净会影响口感。

2. 猪扇骨可以换成筒子骨、龙骨、排骨，做法一样。

营养贴士 🌿

霸王花中富含蛋白质、纤维素、钙、磷等，味甘微寒。常喝霸王花排骨汤对嗓子好，能清热润肺，除痰止咳。

砂锅牛尾汤

2 小时 烹饪时间 | **简单** 难易程度

牛尾是老少皆宜的滋补食材，一般用来煮汤；牛尾经过长时间炖煮，营养成分会充分释放出来，口感醇厚。这是一道制作简单的佳肴。

属于男人的强身健体汤

做法 🍲

1. 黄豆提前浸泡 1 小时。

2. 牛尾洗净，切块。姜切片。

3. 牛尾块入冷水锅，水量没过牛尾块即可，加姜片，大火煮至水开即关火，撇去血沫。

4. 捞出牛尾块，用温水冲洗干净。

5. 将牛尾块、黄豆、姜片、黄酒、红枣、大葱加入汤锅中。

6. 一次性加入足量的清水至没过食材，大火烧开后转小火，先炖 1.5 小时。

7. 加入洗干净的海带结，再炖半小时至海带结软烂。

8. 关火，加盐、味噌搅匀即可。

材料

牛尾	500 克
黄豆	30 克
海带结	100 克
红枣	3 颗

调料

姜	1 块
大葱	10 克
味噌	2 汤匙
黄酒	10 毫升
盐	1/2 茶匙

烹饪秘籍

1. 这个汤一定要炖烂才好喝。如果没有时间，可以换成电压力锅去炖，比较节省时间，两个小时足以炖至软烂。

2. 牛尾去血水的步骤不可省略，这样处理后的牛尾没有异味，汤色也漂亮。

营养贴士 🌿

牛尾含有蛋白质和多种维生素，胶质含量高，多筋骨、少膏脂，风味十足。男士喝牛尾和黄豆煲的汤能强筋健骨、强壮身体。

西红柿炖牛腩

90 分钟
烹饪时间

简单
难易程度

**红红火火
的酸汤佳肴**

牛腩是牛身上最嫩的部位的肉，最经典的搭配就是与西红柿同煮。这道汤看似简单，但要做好吃却并不容易，正宗的西红柿炖牛腩汤色红润，肉香浓郁，牛肉香嫩不柴，非常美味。不妨跟着如下步骤，亲手做一碗好喝的西红柿炖牛腩吧。

做法 🍲

1. 将牛腩切成小块，冷水浸泡 1 小时去除血水。

2. 西红柿洗净，顶部划十字花刀，入开水中浸泡 2 分钟。

3. 撕去西红柿外皮。

4. 将西红柿切成 1 厘米大小的丁。洋葱撕去外层干皮，切同样大小的丁。

5. 姜切片，小葱切碎。

6. 起油锅烧热，下入西红柿丁和洋葱丁翻炒。

7. 将炒好的西红柿丁、洋葱丁倒入压力锅中，加入约 2500 毫升的水，放入牛腩块、姜片，小火压 90 分钟左右。

8. 待放汽后开锅，撒入盐、葱碎即可。

材料

牛腩	400 克
西红柿	2 个（约 300 克）
洋葱	半个（约 150 克）

调料

姜	8 克
小葱	2 根
盐	1/2 茶匙
玉米油	1 汤匙

烹饪秘籍

1. 西红柿去除外皮再烹饪，口感会更好。如果口味偏重，还可以加入 1 勺番茄酱调色。

2. 根据个人喜好，可以加入土豆或者胡萝卜等同炖。

营养贴士 🌿

牛腩含有品种丰富的氨基酸，脂肪含量低，矿物质和维生素含量丰富。西红柿炖牛腩能开胃，强筋骨，补脾胃。

鸭血粉丝汤

30分钟 烹饪时间 | **简单** 难易程度

金陵鸭肴甲天下

鸭血粉丝汤是南京的知名美食之一，既可以是汤又可以是菜。冰箱里备上几样食材，深夜饿极时自己动手，快速煮一份开胃的鸭血粉丝汤，喝汤嗦粉，很有满足感。

做法 🍲

1. 将鸭血、鸭肠、鸭胗、鸭肝分别洗净，入冷水锅，加少许盐（分量外）和少许料酒（分量外）煮30分钟。

2. 将鸭血切成拇指粗细的条，鸭肠切3厘米长的段，鸭胗和鸭肝切0.3厘米厚的片。

3. 粉丝提前用清水浸泡10分钟。

4. 香菜洗净，切碎。姜磨成姜蓉。

5. 烧开一锅水，放入粉丝煮至九分熟。

6. 将煮好的粉丝捞出，装入碗中，加入盐、白胡椒粉、味精，再淋入烧开的高汤。

7. 摆上切好的鸭血和内脏，放入油豆腐、香菜碎，依个人口味添加辣椒油即可。

材料

生鸭血	150克
生鸭肠	100克
生鸭胗	50克
生鸭肝	50克
龙口粉丝	1小把
油豆腐	3块
高汤	600毫升

调料

盐	1/2茶匙
味精	1克
白胡椒粉	少许
料酒	1汤匙
辣椒油	1茶匙
香菜	5克
姜	5克

烹饪秘籍

很多大型超市都有浓缩高汤块成品售卖。如果自己不会煮或者顾不上煮，可以买现成的，也可以将鸭架加水小火煲1小时做成高汤。一次可以多做些，放入冰箱冷冻储存，随吃随取。

营养贴士 🌿

鸭血中含有维生素K，有止血的作用；鸭血可以通肠道，预防重金属中毒；鸭血脂肪含量低，男士适当吃些鸭血能净化血管，提高免疫力。

酸菜鱼头汤

40分钟 烹饪时间 | 简单 难易程度

聪明的头
脑吃出来

民间有"多吃鱼头会变聪明"的说法。湖南人和
江西人都十分钟爱鱼头——这里所说的鱼头通常
指的是花鲢的鱼头。花鲢又称胖头鱼,肉多而鲜美,
搭配爽口的酸菜,喜辣者可以多加辣椒,十分开胃。
一碗鱼汤浇米饭,分分钟就被一扫而光。

做法 🍲

1. 将鱼头用清水冲洗干净，沥干，对半剖开。

2. 酸菜切碎，姜切薄片，大蒜拍碎。小米椒洗净，切 0.5 厘米长的段。小葱洗净，切葱花。

3. 起油锅烧热，加入姜片、蒜末、小米椒段炒出香味。

4. 放入切成两半的鲢鱼头。

5. 将鱼头煎至两面焦黄。

6. 加入足量的开水至没过鱼头，大火煮开。

7. 加入酸菜碎、料酒、老抽，中小火煮 10 分钟。

8. 加入盐调味，出锅，撒葱花装饰即可。

材料

鲢鱼头 1 个（约 500 克）
酸菜　　　　　　 200 克

调料

小米椒	5 个
盐	1/2 茶匙
料酒	1 汤匙
老抽	少许
姜	10 克
大蒜	4 粒
小葱	2 根
葵花子油	1 汤匙

烹饪秘籍

鱼头不宜久煮，否则鲜味容易流失，鱼肉易变得松散；一般以煮 10 分钟左右为宜。汤汁里可以浸泡煮熟的米粉、面条。

营养贴士 🌿

鱼头中不但含有蛋白质、维生素、钙、铁等，还含有能增强记忆力和思维能力的卵磷脂，因此"常吃鱼头可以变聪明"的说法是有科学依据的，常吃鱼头能延缓脑力衰退。

鲫鱼肉嫩又细腻，是老少皆宜的好食材。用各种菌菇与鲫鱼同煮，汤汁奶白如玉，各种食材都鲜美得恰到好处。

30 分钟
烹饪时间

简单
难易程度

清热解毒
保持
年轻态

鲫鱼菌菇汤

做法 🍲

1. 鲫鱼处理好，洗干净，打上斜刀，控干备用。

2. 香菇、姬松茸、白玉菇分别洗净，切去老根，香菇菌盖表面打十字花刀，姬松茸切成约0.3厘米厚的片。

3. 胡萝卜洗净，切菱形片。玉米切大约1厘米厚的片。

4. 起油锅烧热，下入鲫鱼煎制。

5. 煎至鲫鱼两面金黄。

6. 倒入开水至没过鲫鱼，放入姜片，大火煮3分钟。

7. 加入各种配料食材，中小火煮5~10分钟。

8. 加入牛奶，加盐调味即可。

材料

鲫鱼	1条（约400克）
香菇	2朵
白玉菇	60克
姬松茸	150克
胡萝卜	50克
鲜玉米	50克
牛奶	20毫升

调料

姜片	7克
盐	1/2茶匙
玉米油	1汤匙

烹饪秘籍

鲫鱼腹内有黑色的膜，清洗的时候要将这层膜清洗干净，烹制后的鲫鱼就不会有腥味了。

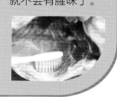

营养贴士 🌿

1. 鲫鱼营养成分极其丰富，含蛋白质、维生素等多种营养素。

2. 菌菇类食材口感柔韧，富含微量元素。多种菌菇与鲫鱼同煮成汤，能增强免疫力，延缓衰老。

鳝鱼一般指黄鳝，是一种凶猛的物种。因为它行动敏捷，运动力强，所以其肉质结实又肥美。鳝鱼中的各种营养素对男士养生非常有益，烹制起来也并不复杂。

舌尖上的
爱很浓烈

冬瓜干贝鳝鱼汤

做法 🍲

1. 干贝和芡实提前用冷水浸泡半小时。

2. 冬瓜去皮、瓤，洗净，切成拇指粗细的条状。姜切片。大葱洗净，切段。

3. 黄鳝去除内脏，洗净，切段，沥干水。

4. 炒锅内多倒一些油，烧至七成热后下入黄鳝段进去炸。

5. 将炸制好的鳝段捞出，锅中留底油。

6. 下入鳝段，煸炒后加入开水。

7. 加入冬瓜条、芡实、干贝、姜片、葱段煮20分钟。

8. 撒入盐和白胡椒粉调味，出锅即可。

材料

冬瓜	150 克
黄鳝	250 克
水发芡实	60 克
干贝	30 克

调料

姜	5 克
大葱	10 克
盐	1/2 茶匙
白胡椒粉	少许
葵花子油	约 1000 毫升

烹饪秘籍

鳝鱼可以让卖鱼的人提前杀好。鳝鱼血有微微的毒性，一定要彻底清洗干净后再烹制。

营养贴士 🌿

鳝鱼中含有蛋白质、脂肪、钙及多种维生素，可养肝护肝。男士常吃鳝鱼，能降低血液中的胆固醇浓度，延缓大脑衰老。

山药泥鳅汤

**男人的
快手补汤**

泥鳅是大自然馈赠的美味珍馐，营养丰富，味道鲜美，可做汤亦可做菜。现在吃泥鳅方便多了，大型超市及菜市场都有售卖。复刻一道儿时的美味吧，超适合男士呢！

做法 🍲

1. 将泥鳅洗干净，用筐子装起来沥干水。姜切片。

2. 铁棍山药去皮，洗净，切成每个约 20 克的滚刀块。

3. 虾仁、青菜洗干净。

4. 锅中多放一些油烧热，下入沥干水的泥鳅，炸至焦黄后捞出。

5. 锅内留底油，加入 1 汤碗开水，放入炸泥鳅和姜片，大火煮开。

6. 加入铁棍山药块，中小火煮约 10 分钟至软烂。

7. 加入虾仁和青菜。

8. 煮几十秒后撒入盐调味即可出锅。

材料

泥鳅	400 克
铁棍山药	200 克
虾仁	80 克
青菜	20 克

调料

姜	6 克
盐	1/2 茶匙
菜籽油	约 1500 毫升

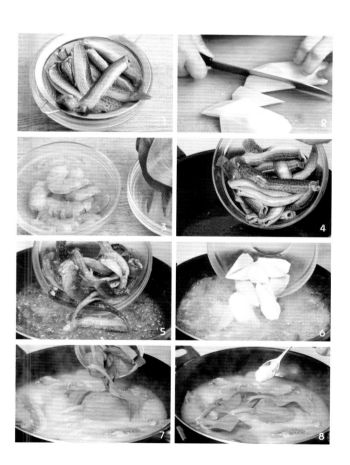

烹饪秘籍

泥鳅炸制的时候要沥干水，若等不及沥干，可以用厨房纸巾吸干水，不然炸的时候热油四溅，容易烫伤人。

营养贴士 🌿

泥鳅中含有丰富的铁元素，对贫血人士有显著的补血功效；铁棍山药是药食同源的天然食品，可健脾养胃。

有人说，男人到了三十岁依然是个孩子，疲惫了一天回到家，妻子精心准备的一碗浓汤就能轻而易举地温暖他。跟所爱的人共进一碗好汤吧！

30分钟
烹饪时间

简单
难易程度

爱到深处
自然浓

牡蛎豆腐味噌汤

做法 🍲

1. 将生蚝去壳，用盐轻轻搓洗干净，放在一边沥干水。

2. 豆腐洗净，切成 1 厘米见方的小方块。

3. 胡萝卜洗净，切菱形片。芹菜洗净，切成约 3 厘米长的段。豆皮洗净，切成 0.5 毫米宽的小条。

4. 砂锅中加入高汤，大火煮开。

5. 加入豆腐块、胡萝卜片、豆皮，中小火煮 5 分钟。

6. 加入生蚝、味噌，用汤勺搅拌均匀，再煮大约 3 分钟。

7. 加入芹菜段、米酒，煮 2 分钟。

8. 加入盐调味即可。

材料

生蚝	200 克
豆腐	150 克
米酒	60 克
胡萝卜	20 克
芹菜	15 克
豆皮	10 克
高汤	1000 毫升

调料

白味噌	2 汤匙
盐	1/2 茶匙

烹饪秘籍

1. 生蚝一定要新鲜，不能有异味。
2. 生蚝用盐搓洗的时候不要太用力，防止搓破。
3. 蔬菜下锅要有先后顺序，成熟度才会一致。

营养贴士 🌿

生蚝也叫牡蛎、海蛎子，其肉质肥嫩，味道鲜美，含有大量的蛋白质和人体极易缺乏的锌元素。男士们多吃生蚝有壮阳的功效，还能使头脑灵活。

梭子蟹冬瓜汤

30 分钟
烹饪时间

简单
难易程度

预防男士
更年期

沿海地区的朋友喜欢用海鲜作为食材煲汤。擅长吃海鲜的他们
用巧手将一个个鲜活的海鲜灵活组合，做成一道道美味的鲜汤，
清爽不油腻，鲜美无比。越新鲜的海鲜，做出来的汤越鲜美。

做法 🍲

1. 将梭子蟹洗净，揭下蟹盖，清理净，剁成 4 大块。

2. 虾剪去须和虾枪，鲍鱼处理干净，花螺洗干净，姜切片。

3. 冬瓜无须去皮，洗净，切开去瓤，切成约 0.5 厘米厚的片状。

4. 娃娃菜洗净，对半剖开。小葱洗净，切碎。

5. 起油锅烧热，下入蟹块、干贝、姜片炒香。

6. 加入 1000 毫升开水，大火煮开后加花螺、鲍鱼、冬瓜片，煮 5 分钟。

7. 加入娃娃菜、虾，中小火再煮 5 分钟。

8. 加入盐、白胡椒粉调味，盛出，撒香葱碎装饰即可。

材料

梭子蟹	1 只（约 200 克）
基围虾	5 只
花螺	10 个
鲍鱼	4 只（约 80 克）
水发干贝	20 克
黑皮冬瓜	180 克
娃娃菜	60 克

调料

姜	10 克
白胡椒粉	少许
小香葱	1 根
盐	1/2 茶匙
玉米油	1 汤匙

烹饪秘籍

这几种海鲜都无须久煮。以螃蟹、虾、冬瓜为主要食材，将其他食材灵活替换，每次都有不同口味的海鲜汤喝。

营养贴士

梭子蟹和各种海鲜中都含有丰富的蛋白质、维生素、卵磷脂等营养元素，与消肿利水的冬瓜同煮，可养精、益气，预防男士更年期症状。

冬瓜蛤蜊汤

消肿去湿
不做油腻
大叔

20分钟 烹饪时间 | **简单** 难易程度

蛤蜊是一种便宜的小海鲜，夜宵摊和大排档上常见它的身影。蛤蜊最鲜美的做法是做汤，不放一粒味精，鲜到掉眉毛，缓解油腻不上火。

用料

蛤蜊	400 克
冬瓜	200 克
小葱	1 根
姜	6 克
盐	1/2 茶匙
葵花子油	1 汤匙

烹饪秘籍

新鲜蛤蜊用盐水加香油浸泡是为了让其吐干净泥沙，水温以 20℃ 左右为宜，太烫会烫熟蛤蜊，太凉则蛤蜊不吐沙。

做法

1. 准备一盆大约 1000 毫升的清水，加入盐、香油。

2. 放入蛤蜊，等待 1 小时，让蛤蜊吐干净泥沙。

3. 冬瓜去皮、瓤，洗净。姜切细丝。小葱洗净，切碎。

4. 将冬瓜切成约 0.4 厘米厚的薄片备用。

5. 起油锅烧热，下入冬瓜片炒至断生。

6. 加入开水，再次煮开后加入蛤蜊、姜丝，加盖稍焖片刻至蛤蜊开口即关火。加盐、葱碎调味即可。

营养贴士

1. 蛤蜊肉中含有维生素和多种矿物质，有生津、去湿之效。

2. 蛤蜊与冬瓜同煮，能解暑、降火、去水肿，肥胖的男士喝这个汤还有减肥的作用。

第四章

延年益寿汤

随着年龄的增长，
身体的各项机能会出现
不同程度的衰退现象。
对于老年人而言，
吃得好不如吸收得好，
经过烹饪加工后的汤品，
口感和营养都可以兼顾，
特别适合咀嚼功能
和肠胃功能不好的老年人。

年纪大了以后，身体各方面机能都赶不上年轻人了，因此吃的东西也要与年轻人有所不同。这道白菜腐竹豆腐汤就很适合老年人食用，蔬菜汤易消化，膳食纤维和蛋白质含量都很丰富，做起来不耗时间，简单得很。

30 分钟
烹饪时间

简单
难易程度

父母的身体更需要呵护

白菜腐竹豆腐汤

做法 🍲

1. 黑木耳和腐竹提前一晚上浸泡至充分涨开，洗净。黑木耳撕成片，腐竹切段。

2. 大白菜洗干净，切成约 1 厘米宽的片状。

3. 老豆腐洗净，切成拇指粗的条状。小葱切碎，大蒜拍碎。

4. 起油锅烧热，下入蒜末爆香。

5. 加入豆腐条翻炒片刻。

6. 加入开水至没过豆腐条，大火再次煮开。

7. 加入白菜片、腐竹段、黑木耳煮 10 分钟。

8. 撒入盐、鸡精调味，淋入橄榄油，盛出，撒葱碎即可。

材料

大白菜	150 克
干腐竹	100 克
老豆腐	350 克
干黑木耳	10 克

调料

小葱	1 根
大蒜	1 粒
盐	1/2 茶匙
鸡精	少许
橄榄油	1 汤匙

烹饪秘籍

泡发腐竹、木耳时，如遇高温天气，需用保鲜盒装起，放入冰箱冷藏泡发，可防止因气温过高后滋生细菌而变质。

营养贴士 🌿

1. 腐竹和豆腐中植物蛋白质的含量较高。黑木耳富含钙、铁、磷和维生素等。

2. 素食汤也可以很鲜美，老人常喝这种菌菇蔬菜汤有祛病延年之功效。

紫薯百合银耳汤

2小时 烹饪时间　**简单** 难易程度

紫薯和银耳煮成的汤颜色特别漂亮，紫色有些梦幻感。这还是一碗快手简单的好汤，银耳软糯可口，很适合牙口不好的老人。

用料

干银耳	15 克
紫薯	300 克
干百合	20 克
冰糖	适量

烹饪秘籍

1. 紫薯容易氧化，故要等水烧开后再削皮、切块，直接投进锅中，煮成的汤才能保持梦幻般的紫色。
2. 银耳浸泡的时间要充足，尽量撕碎些，会更容易煮出胶质。

做法

1. 银耳提前一晚上泡发。
2. 干百合提前浸泡半小时。
3. 浸泡好的银耳洗净，撕成小碎块。
4. 将碎银耳放入砂锅中，倒入足量的清水至没过银耳，大火煮开。
5. 紫薯用削皮刀削去外皮，洗净。
6. 将紫薯切成 2 厘米见方的小块。
7. 将紫薯和百合放入砂锅中，转小火，慢炖 90 分钟。
8. 最后 10 分钟加入冰糖煮至溶化即可。

营养贴士 紫薯中富含花青素，花青素是天然的抗氧化剂；紫薯还含有丰富的矿物质，可以让老年人的骨骼更健康。

南瓜是对老年人特别友好的食物，蒸南瓜、煮南瓜吃多了，总有吃腻的时候。就让老人们也时髦一回，尝尝这道既精致又漂亮还很美味的南瓜浓汤吧。

用料

南瓜	200 克
椰浆	200 毫升
淡奶油	约 20 毫升
新鲜薄荷叶	2 片
盐	1/2 茶匙

烹饪秘籍

南瓜应选择黄心、软糯的老南瓜。椰浆的量可以适当增减，以最后得到的南瓜糊为浓稠且可流动的状态为佳。

南瓜浓汤

2 小时 烹饪时间　**简单** 难易程度

接地气的食材也能做精致的美食

做法

1. 老南瓜去皮、内瓤，洗净。

2. 将南瓜切成 1 厘米见方的块状。

3. 用适量的水将南瓜煮熟。

4. 取少许煮南瓜的水，和南瓜一起倒入破壁机中，打成可以流动的糊状。

5. 将南瓜糊倒入锅中，加入椰浆混合均匀，中火煮开。

6. 倒入盐调味。

7. 将南瓜糊倒入漂亮的杯子里，表面滴上一滴滴的淡奶油。

8. 用牙签沿着淡奶油正中间划出漂亮的拉花，最后摆上薄荷叶装饰即可。

营养贴士 ｜ 南瓜中含有丰富的维生素 E，多吃能预防阿尔兹海默症。

西蓝花有防癌的功效，搭配新鲜时蔬煲汤，鲜香可口，很符合老年人喜食清淡的饮食习惯。年龄大了，食量也逐渐减少，有了这道营养丰富的汤品，再搭配一小碗米饭就可以吃得很健康了。

30分钟
烹饪时间

简单
难易程度

百善孝
为先

西蓝花番茄杂蔬汤

做法 🍲

1. 西蓝花用淡盐水（盐为分量外的）浸泡10分钟。

2. 西红柿洗净，顶部打十字花刀，放入开水中浸泡几分钟。

3. 将西红柿撕去外皮，切成小块。

4. 土豆去皮，洗净，切块。胡萝卜洗净，切1厘米见方的小块。

5. 起油锅烧热，下入西红柿块翻炒出汁。

6. 待西红柿块软烂时加入高汤，大火煮开。西蓝花洗净，控干，切块。

7. 锅中放入西蓝花块、土豆块和胡萝卜块，再煮8分钟。

8. 出锅前撒入盐调味即可。

材料

西蓝花	150 克
西红柿	1个（约150克）
胡萝卜	50 克
土豆	50 克
高汤	800 毫升

调料

盐	1/2 茶匙
葵花子油	1 汤匙

烹饪秘籍

胡萝卜、西蓝花和土豆煮熟所需的时间不一样，可以适当将西蓝花切得大些，土豆、胡萝卜切小些，这样就能同时煮熟了。

营养贴士 🌿

西蓝花、西红柿都含有大量的维生素 C。胡萝卜中含有丰富的胡萝卜素和植物纤维。老年人吃这些食物既容易咀嚼又容易消化。

西红柿紫菜虾皮汤

没有食欲的时候不妨吃些酸口的东西，例如用醋烹制的菜肴。食物中也有天然的酸味剂，比如西红柿，做成汤虽清淡却十分爽口，饭前喝一碗可温暖肠胃，开启食欲。

天然的
开胃酸汤

做法 ♨

1. 西红柿洗净，顶部切十字花刀，放入开水中煮几十秒。

2. 撕去西红柿外皮。

3. 将西红柿切成薄片状。

4. 小葱洗净，切碎。

5. 起油锅烧热，下入西红柿片翻炒出汁。

6. 加入足量的清水至没过西红柿片，煮开。

7. 水开后加入虾皮和紫菜，再煮几十秒。

8. 撒入盐和葱碎，盛出，淋入麻油即可。

材料

西红柿	1个（约150克）
紫	10 克
虾皮	5 克

调料

盐	1/2 茶匙
小葱	1 根
麻油	1 汤匙

烹饪秘籍

大红色的西红柿偏酸，粉色的西红柿口感比较沙而酸度低，你可以根据自己的喜好来挑选。将西红柿提前去皮，做好的汤口感更润滑，汤体更清爽。

营养贴士 🌿

西红柿含有大量的维生素C，能祛斑、抗氧化、降脂、降压；紫菜中含有丰富的碘元素，能保护心血管健康。这个汤特别适合老年人喝。

芹菜叶子疙瘩汤

30分钟 烹饪时间 | **简单** 难易程度

软烂
易消化

牙口不好的老年人，适合多吃些流质或者柔软易消化的食物，疙瘩汤无疑是个极好的选择——面食不伤肠胃，性质温和，搭配清香的芹菜叶子，还能控制血压。

做法 🍲

1. 将面粉装入一个干净的碗中。

2. 缓缓倒入清水，边倒边用筷子搅拌，将面粉搅拌成絮状。

3. 芹菜叶子洗干净，切碎。

4. 鸡蛋磕入碗中，用筷子搅散。

5. 锅中加入 1 汤碗水，滴入橄榄油，大火烧开。

6. 缓缓倒入面絮，用汤勺搅散。

7. 煮约 1 分钟后加入芹菜叶子。

8. 缓缓倒入蛋液搅散，加入盐、鸡精调匀即可出锅。

材料

芹菜叶子	80 克
中筋面粉	150 克
鸡蛋	1 个

调料

盐	1/2 茶匙
鸡精	少许
橄榄油	1/2 汤匙

烹饪秘籍

1. 芹菜叶子要选嫩一些的，老叶子口感不好，味道也不够清新。

2. 做面疙瘩时，水要尽量一点一点倒入，让疙瘩大小均匀。

营养贴士 🌿

芹菜叶子中的胡萝卜素含量比芹菜茎中高出 80 多倍，维生素、蛋白质的含量也都高出十几倍之多。看似不起眼的芹菜叶子，其实更有营养，非常适合有糖尿病、高血压的老年人食用。

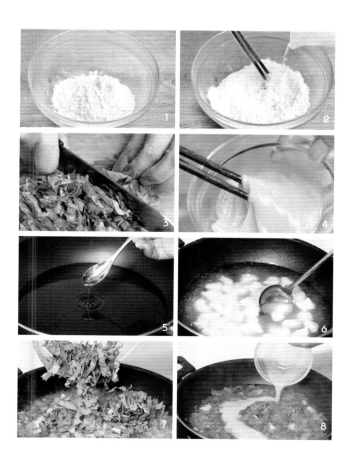

豌豆豆腐羹

羹汤类流质食物能保护老年人的肠胃，吃完不会有腹胀的感觉。这个羹汤味道鲜美，喝起来很顺滑，老人一般会特别喜欢，另外此汤也十分适合孩子喝。

把老人
当孩子
一样去爱

做法 🍲

1. 新鲜豌豆剥去外壳，取豌豆粒备用。

2. 内酯豆腐切成小拇指粗细的小条。

3. 火腿切成玉米粒大小的碎粒。

4. 淀粉加水调成稀糊状的水淀粉。

5. 锅中加入清水，大火煮开。

6. 倒入内酯豆腐条、豌豆粒、火腿粒、玉米粒煮5分钟。

7. 加入水淀粉，用汤勺搅匀。

8. 放入熟松仁，加入盐、橄榄油调味即可。

材料

青豌豆	80克
内酯豆腐	1盒
熟松仁	10克
玉米粒	20克
金华火腿	20克

调料

玉米淀粉	15克
橄榄油	1/2汤匙
盐	1/2茶匙

烹饪秘籍

内酯豆腐一般是盒子包装的，撕开的时候可以用刀子轻轻划开，缓缓倒扣在台面上。切的时候动作要轻，内酯豆腐含水量大，用力过猛会使豆腐破碎。

营养贴士 ✎

内酯豆腐中含有丰富的钾、维生素等营养成分，老年人喝豌豆豆腐羹不仅容易消化，还能消炎、降压、化痰。

20分钟
烹饪时间

简单
难易程度

紫菜豆腐肉饼汤

日本人认为将紫菜和豆腐搭配食用是长生不老的秘诀。香滑的紫菜搭配嫩滑的豆腐，再用剁碎的猪肉泥提鲜，是我一年四季都喜欢的好汤。

一碗有
温度的汤

做法 🍲

1. 猪肉洗干净，切成 1 厘米见方的块。

2. 猪肉加生粉、白胡椒粉和约 1/3 的盐剁成肉泥。

3. 用筷子将肉泥朝着一个方向搅打上劲。

4. 豆腐切成 1 厘米见方的小方块，姜切片，小葱切碎，
   紫菜撕成大片。

5. 锅中加清水，放入豆腐块煮开。

6. 煮 5 分钟后将肉泥团成小圆饼状，放入豆腐汤中，
   加入姜片同煮。

7. 再煮 2 分钟后加入紫菜，烫几十秒即关火。

8. 撒入葱碎和剩余的盐，淋入麻油，出锅即可。

材料

紫菜	20 克
嫩豆腐	300 克
猪肉	150 克

调料

姜	5 克
白胡椒粉	1 克
生粉	1 克
细香葱	1 根
盐	1/2 茶匙
麻油	1/2 汤匙

烹饪秘籍

1. 猪肉尽量不要用纯瘦肉，带点肥肉做成肉圆子，吃起来口感不柴，香味也更足。

2. 汤中还可以加入新鲜的香菇、青菜来丰富颜色。

营养贴士 🌿

紫菜有长寿菜之称，蛋白质含量丰富，且特别容易消化，非常适合老年人。

老年人可以适当吃些肉食，肉食的油腻程度要尽量轻，品类要单一，尽量精细化，防止肠胃负担过重。肉类搭配蔬菜食用，可增加营养，帮助消化。

30 分钟
烹饪时间

简单
难易程度

家常快手好汤

娃娃菜木耳肉丸汤

做法 🍲

1. 黑木耳提前 1 小时泡发，洗净沥干，撕成片。娃娃菜洗净，切成 1 厘米宽的条。

2. 猪肉洗干净，切成 1 厘米见方的块状。

3. 猪肉放入搅拌机中，加入盐、姜片、生粉、白胡椒粉和 1 茶匙清水。

4. 搅拌成细腻的肉泥备用。

5. 锅中加入 1 汤碗清水，大火煮开。

6. 加入娃娃菜条、木耳、枸杞，中小火煮 5 分钟。

7. 借助手部虎口位置将肉泥挤成丸子状，挤入汤中，煮熟。

8. 撒入盐调味即可出锅。

材料

娃娃菜	150 克
干木耳	10 克
猪肉	300 克
枸杞	3 克

调料

盐	1/2 茶匙
姜片	5 克
白胡椒粉	少许
生粉	1 克

烹饪秘籍

1. 猪肉尽量选三分肥、七分瘦的，这样做出来的肉丸子很香。
2. 猪肉中加入生粉，做出的肉丸会更嫩。

营养贴士 🌿

娃娃菜中含有丰富的维生素、膳食纤维和天然的抗氧化剂，猪肉中含有丰富的蛋白质、铁。老年人消化能力变差，常喝这个汤能提升肠道活力，提高身体的免疫力。

三鲜蘑菇肝片汤

蘑菇是天然的味精，煮汤能更大程度地发挥它的功效。这道汤名为三鲜，其实可不只有三种鲜味，喝汤食菇，好吃得停不下来。

图的就是
这口鲜

做法 🍲

1. 将猪肝用淡盐水浸泡 15 分钟。

2. 将平菇洗净，撕成细条。香菇洗净，切掉老根。姜切片。小青菜洗净，沥干。

3. 里脊肉切成 0.2 厘米厚的薄片。

4. 猪肝切成与里脊肉同样厚度的薄片。

5. 砂锅中加入 1 汤碗水，放入姜片、料酒、老抽。

6. 加入平菇条、香菇煮 5 分钟。

7. 加入猪肝片和里脊肉片，再煮 2 分钟。

8. 放入小青菜烫熟，撒入盐，淋入麻油调味即可。

材料

平菇	200 克
猪里脊肉	150 克
猪肝	200 克
小青菜	2 棵
鲜香菇	2 朵

调料

姜	5 克
盐	1/2 茶匙
老抽	少许
料酒	10 毫升
麻油	10 毫升

烹饪秘籍

1. 切猪肉的时候要逆着肉的纹理切，这样切出来的肉无须特别处理就很嫩。

2. 猪肝用淡盐水提前浸泡，可充分排出残留的毒素。

营养贴士

1. 猪肝是最理想的补血食材之一。

2. 平菇中氨基酸含量丰富，吃起来格外鲜嫩。

3. 三鲜汤制作简单、味道鲜美，非常适合老年人食用。

枸杞菠菜猪肝汤

老年人的视力会随着年纪的增长越来越模糊，而猪肝有补血明目的功效。关爱老年人视力健康，为长辈做一道快手的猪肝养生汤吧！

眼睛是心灵的窗户

做法 ♨

1. 猪肝清洗干净。

2. 将猪肝用淡盐水浸泡 15 分钟。

3. 取出猪肝，切成约 3 毫米厚的片。

4. 猪瘦肉洗净，切成跟猪肝同样厚度的片。菠菜洗净沥干，姜切细丝。

5. 起油锅烧热，下入姜丝翻炒。

6. 倒入 1 汤碗开水，放入猪肝片、瘦肉片、枸杞，加入料酒和生抽，中小火煮 3 分钟左右。

7. 加入菠菜烫熟。

8. 滴入麻油，撒入盐调味即可。

材料

猪肝	250 克
猪瘦肉	40 克
菠菜	100 克
枸杞	3 克

调料

料酒	1 汤匙
生抽	1 汤匙
姜	4 克
盐	1/2 茶匙
麻油	1 汤匙

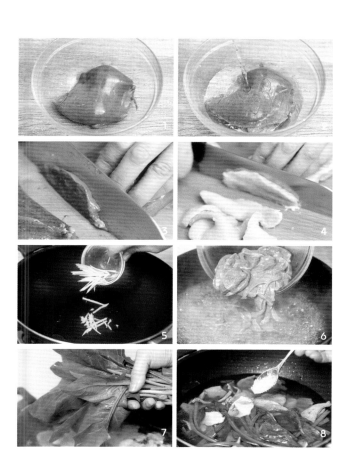

烹饪秘籍

1. 猪肝用淡盐水提前浸泡，能去除残留的激素和重金属。

2. 麻油味道比较重，不喜欢的话，可以用橄榄油代替。

营养贴士 ✍

猪肝含铁质非常丰富，有补血护肝的功效，能保护眼睛，防止眼干、眼涩、眼疲劳。

虫草花鸡汤

2小时
烹饪时间 | 简单
难易程度

虫草花并非花，而是人工培养的一种菌类，菌
种来源于蛹虫草，营养成分和功效近似于虫草。
一碗好的虫草花鸡汤汤色金黄，十分诱人。

私房养
生秘籍

134

做法 🍲

1. 土鸡洗净，切成 2 厘米见方的块状。

2. 锅中加冷水，放入鸡块，大火煮至水开即关火。

3. 将鸡块捞出来，用温水冲洗净。

4. 瘦肉洗净，切成拇指粗的条状。

5. 虫草花洗净沥干，姜切片。

6. 砂锅中加入约 2500 毫升的水，放入鸡块、姜片、虫草花、瘦肉条、红枣、西洋参。

7. 大火烧开后转小火煲 2 小时。

8. 加入盐调味即可。

材料

土鸡	半只（约 400 克）
瘦肉	150 克
新鲜虫草花	30 克
西洋参	3 克
红枣	3 颗

调料

姜片	5 克
盐	1/2 茶匙

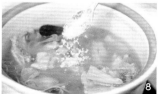

烹饪秘籍

1. 煮鸡汤的时候加入少许瘦肉，可以使鸡汤更鲜美。

2. 土鸡可以用乌鸡代替，营养价值更高。

营养贴士 🌿

虫草花性质温和，不寒不燥，老年人可以放心食用。虫草花含有丰富的蛋白质，能调节人体的免疫力，增强老年人的抗病能力。

黄豆鸡汤

2小时	简单
烹饪时间	难易程度

黄豆和鸡汤天生就是一对好搭档，一粒粒吸饱了汤汁的晶莹的豆子，浸泡在浓香的鸡汤里，又有胡萝卜点缀，十分诱人。

健康长寿的简单秘诀

做法 🍲

1. 黄豆用清水提前浸泡 1 小时。

2. 童子鸡去除内脏，剪掉鸡脚，清洗干净。

3. 锅中加入约 2500 毫升的水，放入料酒、姜，大火煮开。

4. 加入童子鸡、黄豆，大火煮 20 分钟后转小火煮 1.5 小时。

5. 胡萝卜洗净，切成 5 大块，最后 20 分钟时放入汤中同煮。

6. 最后 10 分钟时加入枸杞同煮。

7. 撒入盐调味即可。

材料

黄豆	50 克
童子鸡	1 只（约 500 克）
胡萝卜	100 克
枸杞	5 克

调料

姜	10 克
料酒	10 毫升
盐	1/2 茶匙

烹饪秘籍

1. 童子鸡肉质肥嫩，炖两个小时鸡肉便可软烂。可以将童子鸡换成土鸡或三黄鸡炖汤，也很鲜美。

2. 若用餐人数少，吃不了整只鸡，可以将鸡剁成块，适量取用。

营养贴士 🌿

童子鸡含有大量的优质蛋白质和微量元素，有益气养血的功效，老年人食用容易消化，可强身健体，增强免疫力。

2 小时
烹饪时间

简单
难易程度

香菇泡发以后煮汤十分百搭，荤素皆宜。香菇与银耳、鸽子一起煮，有种特殊的香味，很能刺激人的食欲。

别出心裁
的用心

香菇银耳乳鸽汤

做法 🍲

1. 银耳提前一晚上充分泡发。

2. 香菇、百合提前 1 小时泡发，洗净后沥干。

3. 乳鸽去内脏后洗干净，切大块备用。

4. 泡发好的银耳洗净，撕成小朵，越碎越好。

5. 锅中加入约 2500 毫升的冷水，放入乳鸽、姜片，大火煮开即关火。

6. 将乳鸽捞出，放入汤锅中，加入银耳、香菇、红枣、百合和足量的开水，小火煲 2 小时。

7. 最后 10 分钟加入枸杞同煮。

8. 撒入盐调味即可。

材料

乳鸽	1 只
干银耳	半朵（约 20 克）
干香菇	4 朵
干百合	10 片
枸杞	5 克
红枣	2 颗

调料

姜片	5 克
盐	1/2 茶匙

烹饪秘籍

1. 乳鸽可以用鸡肉代替。将其先氽水后炖煮，煲出来的汤更清澈漂亮。

2. 枸杞不要过早入锅，否则汤色会变得混浊。

营养贴士 🌿

鸽肉中含有蛋白质、钙、铁等营养成分，老年人吃容易消化，还能改善头晕、疲劳等症状，民间有"一鸽胜十鸡"的说法。

萝卜丝鲫鱼汤

秋冬季节天气干燥，适合多吃些萝卜，可顺气、润肺，对消化也十分有帮助。这个汤做起来很容易，没有下厨经验的朋友也能轻松做出来。这个汤对厨具也没有特殊的要求，家里有炒锅就能搞定。洁白的萝卜丝浸泡在浓白的鱼汤里，甚是好看。

甄选食材成就一碗好汤

做法 🍲

1. 鲫鱼去内脏，去除腹腔里的黑膜，清洗干净。

2. 鱼身两面打上斜刀。

3. 将鲫鱼用盐、料酒腌制 10 分钟。

4. 白萝卜洗净，切成 0.3 厘米粗细的丝。姜切片，小葱切碎。

5. 起油锅烧热，下入鲫鱼煎制。

6. 将鲫鱼两面煎至金黄色。

7. 加入开水至没过鲫鱼，把白萝卜丝、姜片放进去同煮 10 分钟。

8. 加入牛奶和盐搅匀后略煮，撒上葱碎即可。

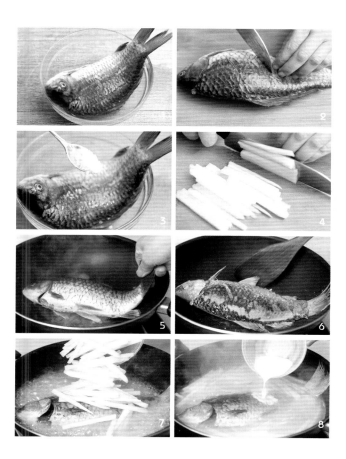

材料

鲫鱼	1 条（约 400 克）
白萝卜	200 克
牛奶	15 毫升

调料

姜	5 克
料酒	1 汤匙
小香葱	1 根
盐	1/2 茶匙
葵花子油	1 汤匙

烹饪秘籍

1. 鱼汤煮的时候，先用大火再转小火，煮出来的汤汁会特别浓白。

2. 清洗鲫鱼的时候，要将鱼腹内的黑色腹膜和鱼血清洗干净，腥味就会减少大半。

营养贴士 🌿

1. 鲫鱼富含动物蛋白质和不饱和脂肪酸，能和中开胃、延年益寿。

2. 白萝卜含有维生素 C 和锌元素，老年人喝萝卜汤能开胃消食，提高免疫力。

虾仁鸡丝汤

虾仁软嫩容易消化，营养价值高；鸡丝经过处理之后十分容易咀嚼。这个汤鲜美不上火，多喝也不怕。

蒸制的汤
不上火

做法 🍲

1. 鸡胸肉洗干净，放入开水锅中，中火煮熟。

2. 将煮熟的鸡胸肉用手撕成细丝。

3. 玉米粒洗净。

4. 胡萝卜、西芹分别洗净，均切成比玉米粒略大些的小粒。

5. 基围虾去头、壳，挑去虾线。

6. 将鸡丝、虾仁和各类蔬菜装入汤碗中，倒入高汤。

7. 上锅蒸 1 小时。

8. 撒入盐，淋上橄榄油即可食用。

材料

鸡胸肉	150 克
基围虾	200 克
高汤	700 毫升
玉米粒	40 克
胡萝卜	40 克
西芹	40 克

调料

盐	1/2 茶匙
橄榄油	10 毫升

烹饪秘籍

1. 将煮熟的鸡胸肉装入保鲜袋中，用擀面杖用力擀开，很容易就能撕成鸡丝。

2. 如果不会去基围虾的虾线，可以直接买现成的虾仁来做。

营养贴士 🌿

鸡胸肉是很常见的营养肉类，蛋白质含量高而脂肪含量低。虾仁也是高蛋白、低脂肪的食物。老年人喝这个汤能补充营养，强身健体，还不用担心增加肠胃负担。

龙利鱼芽苗汤

延年益寿
清热解毒

30 分钟
烹饪时间

简单
难易程度

小朋友常吃鱼聪明，老年人常吃鱼能保持清醒的头脑。龙利鱼无刺，吃起来不会有卡喉的担忧；豌豆苗生长过程中不用激素和农药，是一种安全的食材，且降火效果明显。上述二者都是非常适合老年人食用的好食材，煮成的汤清新养眼。

用料

龙利鱼	150 克
豌豆苗	200 克
枸杞	3 克
高汤	800 毫升
大蒜油	1 汤匙
盐	1/2 茶匙
蛋清	10 克
生粉	1 克

烹饪秘籍

鱼片和豌豆苗都很容易熟，煮 1 分钟左右即可。煮豆苗和加热高汤可以同时进行，节省时间。

做法

1. 龙利鱼洗净，切成 0.3 厘米厚的片。

2. 将鱼片用蛋清和生粉腌制 10 分钟。

3. 豌豆苗洗干净备用。烧开一锅水，加入豌豆苗烫熟，捞出，摆入汤碗中。

4. 无须换水，放入鱼片烫熟即捞出，摆在豌豆苗上。

5. 高汤加盐烧开，浇在鱼片上。

6. 枸杞放入烫鱼片的锅中烫一下，捞出放在鱼片上，淋上大蒜油即可。

营养
贴士

豌豆苗是豌豆的嫩叶，纤维少，入口脆嫩清香，能有效缓解汤中的油腻，适合喜欢清淡饮食的老年人食用。

第五章
CHAPTER 5

四季养生汤

一年四季气候各不相同，
喝汤也应该随着季节而有所改变。
春季的汤要清淡可口，
忌生冷油腻；
夏季容易食欲不振，
宜喝些清热解暑的汤水；
秋季时身体容易出现一系列干燥症状，
要多喝些生津润燥的汤；
冬天寒冷，
是进补的好时节，
宜多喝些补充能量和营养的汤。

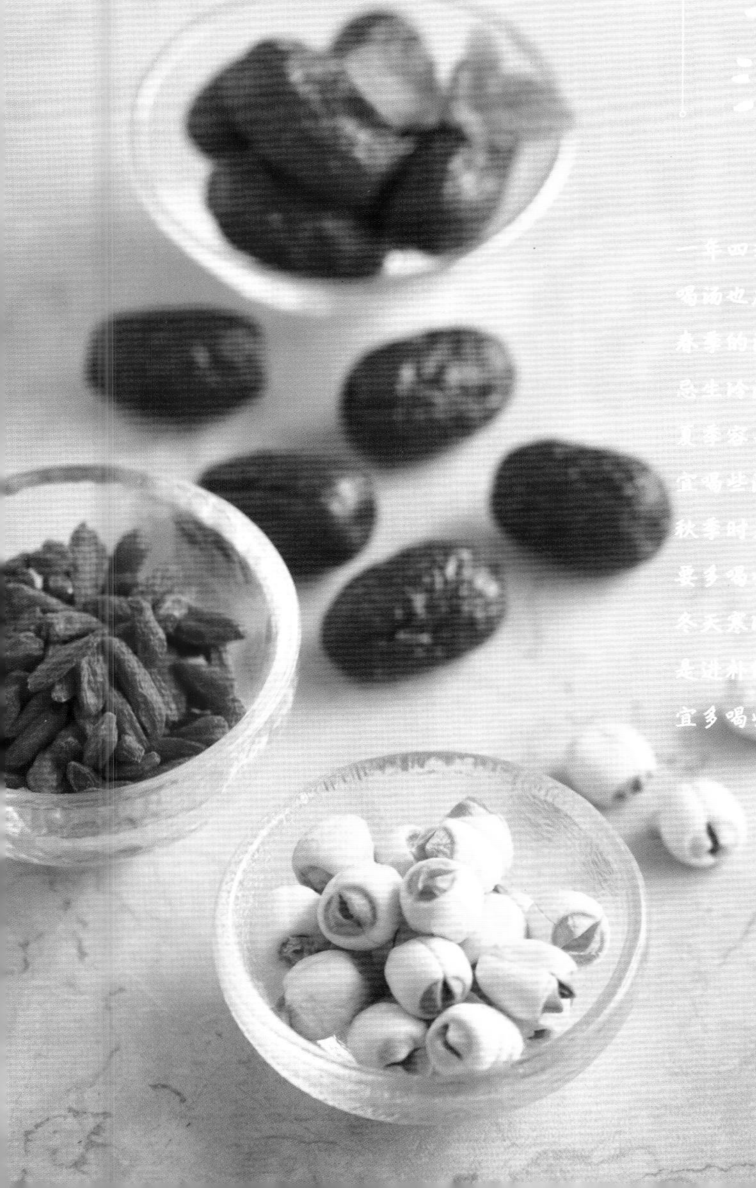

色彩鲜艳的食物往往特别能吸引人，巧用缤纷的水果和气味芳香的米酒做一道甜汤，既能促进食欲，又能养颜美容。

老少皆宜
的甜羹
（春季）

米酒水果圆子汤

做法 🍲

1. 将水磨糯米粉中少量多次加入清水，揉成团。

2. 搓成细长条，切成小剂子，将一个个小剂子搓成圆球状，直径大约1厘米。

3. 各种水果取果肉，切成1.5厘米见方的小粒。

4. 锅中加水，加入米酒大火煮开。

5. 水开后调成中小火，加入糯米圆子煮约2分钟，待圆子浮起来即熟。

6. 加入细砂糖，用汤勺搅拌至溶化。

7. 加入各种水果粒搅匀，撒上糖桂花即可。

材料

水磨糯米粉	180 克
猕猴桃	50 克
火龙果	50 克
杧果	1个（约50克）
糖桂花	1 汤匙
米酒	50 毫升

调料

细砂糖	20 克

烹饪秘籍

1. 应选用质地更细腻洁白的水磨糯米粉来搓汤圆，如果买不到，可以买现成的小汤圆。

2. 水果可以换成其他自己喜欢的种类，如黄桃、西瓜、奇异果、哈密瓜、苹果等。

营养贴士 🌿

米酒含有多种维生素和葡萄糖，能活血滋阴。春季仍然有些干燥，米酒、水果、糖桂花等对皮肤保湿有明显功效。

马蹄竹蔗饮是常见的一款甜味热饮，做法不难，取材简单，在初春乍暖还寒的日子里喝上一杯，甜蜜又温暖。

40分钟
烹饪时间

简单
难易程度

春寒料峭
不觉冷
（春季）

马蹄竹蔗饮

with the

Friends

• SHUWU •

LIVE -SHARE- LIFE

DRINKS

做法 🍲

1. 将竹蔗对半剖开，切成 5 厘米长的条状备用。

2. 马蹄削去外皮，对半切开。

3. 胡萝卜洗净，对半切开，再切成 2 厘米长的小段。

4. 白茅根洗干净，切成 3 厘米长的小段。

5. 锅中加水，大火烧开。

6. 水开后加入竹蔗条、马蹄、白茅根段、胡萝卜段，
   转小火煮 40 分钟。

7. 最后 5 分钟加入红糖煮至溶化。

8. 待温度降至不烫嘴的程度后加入蜂蜜搅匀即可。

材料

竹蔗	400 克
马蹄	60 克
鲜白茅根	30 克
胡萝卜	50 克

调料

红糖	20 克
蜂蜜	50 克

烹饪秘籍

1. 竹蔗可以用甘蔗代替；白茅根若没有，也可以不加。

2. 蜂蜜一定要等温度降下来后再放进去，以免其中的营养素被高温破坏。

营养贴士 🌿

竹蔗、白茅根都有清热下火的作用，蜂蜜滋阴润燥，胡萝卜中的维生素能滋润皮肤。这道糖水可润肺去火，非常适合湿冷的春季时饮用。

荠菜是田间地头常见的一种野菜。春天的荠菜最为鲜嫩，可拌可炒，跟豆腐一起煮汤，碧绿脆嫩不褪色，入口清淡不寡味。不食一次三月荠，可真不好意思说自己是个"吃货"。

20 分钟
烹饪时间

简单
难易程度

春来荠美
毋忘归
（春季）

荠菜豆腐羹

做法 🍲

1. 荠菜择去老叶，用清水冲洗干净，沥干。

2. 锅中加入 1000 毫升清水，大火煮开后下入荠菜焯熟。

3. 捞出荠菜晾凉，切碎备用。

4. 嫩豆腐冲洗净，切成小拇指粗细的条。

5. 香菇洗净，切去老根，切成薄片。

6. 重新烧开一锅水（水量 800 毫升），下入豆腐条煮 5 分钟。

7. 放入荠菜碎、香菇片再煮 2 分钟。

8. 加入水淀粉勾芡，撒入盐，淋麻油调味即可。

材料

荠菜	300 克
嫩豆腐	300 克
鲜香菇	2 朵

调料

盐	1/2 茶匙
水淀粉	20 克
麻油	10 毫升

烹饪秘籍

将荠菜焯水，能去除草酸和表面的污染物残留；焯水的时候加入 1 勺油，能保持荠菜翠绿的颜色。豆腐可以换成盒装的内酯豆腐，口感会更加细腻。

营养贴士 🌿

荠菜和菠菜一样含有大量的草酸，而草酸会阻碍人体对钙的吸收，所以煮汤前须先将荠菜烫熟，以充分去除草酸。

清新风格的肉汤并不多见，莴笋排骨汤算是其中的一个。绿色是春天的主打色，餐桌也要顺应时节，浓香的骨汤搭配清脆爽口的莴笋，不知不觉就能让人多喝两碗。

90分钟
烹饪时间

简单
难易程度

顺时而食
（春季）

莴笋排骨汤

做法 🍲

1. 干百合用清水浸泡 1 小时，姜切片。

2. 排骨切小段，洗净，冷水入锅，大火煮至水开即关火。

3. 将排骨段捞出，用温水冲洗干净，沥干水。

4. 起油锅烧热，下入排骨翻炒至表面焦黄。

5. 倒入开水至没过排骨，大火煮 20 分钟。泡好的百合洗净，沥干。

6. 将排骨段和汤一起倒入汤锅中，加姜片、百合，小火炖 1 小时。

7. 最后 10 分钟加入枸杞和莴笋块同煮。

8. 撒入盐调味，出锅即可。

材料

莴笋块	300 克
排骨	400 克
干百合	20 克
枸杞	5 克

调料

盐	1/2 茶匙
姜	8 克
玉米油	1 汤匙

烹饪秘籍

1. 过油后的排骨更容易熬出白汤。如果喜欢更洁白的汤汁，可以在最后加入两勺牛奶稍煮。

2. 莴笋可以生吃，所以不要煮太久，10 分钟足够了。

营养贴士 🌿

莴笋中水分含量较高，膳食纤维也很丰富。春季多吃些莴笋，能促进消化。

山药虾仁豆腐羹

30分钟 烹饪时间 | **简单** 难易程度

铁棍山药绵甜软糯，用鸡蛋提鲜，再搭配滑溜细嫩的豆腐，越吃越上瘾，赛过山珍海味，春寒料峭时喝上一碗，顿觉浑身暖洋洋的！

百吃不厌的豆腐羹（春季）

做法 🍲

1. 铁棍山药去皮，洗净，切成 1 厘米见方的小粒状。

2. 嫩豆腐冲洗净，切成同样大小的粒状。

3. 鸡蛋磕入碗中，搅散。香菜洗净，沥干。

4. 基围虾去头、壳、虾线，切成小粒。

5. 锅中加水，下入山药粒、豆腐粒，小火煮 15 分钟。

6. 加入水淀粉勾芡。

7. 淋入蛋液，用汤勺缓缓搅动，然后放入虾仁粒。

8. 加入盐、白胡椒粉、白醋、麻油调味，放入香菜装
   饰即可。

材料

铁棍山药	300 克
嫩豆腐	200 克
鸡蛋	1 个
基围虾	5 只

调料

香菜	1 根
白胡椒粉	少许
白醋	10 毫升
盐	1 茶匙
麻油	10 毫升
水淀粉	2 汤匙

烹饪秘籍

1. 基围虾要现买现吃，一次吃不完的要及时装入保鲜袋，放入冰箱冷冻保存。

2. 铁棍山药去皮的时候要戴上一次性手套，否则山药的黏液一旦接触到皮肤，就会引起皮肤的过敏反应，使皮肤奇痒无比。

营养贴士 🌿

铁棍山药既是蔬菜，又是一种珍贵的中药材，含有多种氨基酸等营养成分，能滋补脾胃，强身健体，帮助消化。

绿豆百合汤

30分钟
烹饪时间

简单
难易程度

绿豆百合汤是一道传统的解暑汤，可是很多人不见得
会煮。掌握正确的方法，你也能熬出碧绿的绿豆汤。

煮绿豆汤
的秘籍全
都告诉你
（夏季）

做法 🍲

1. 绿豆洗干净，提前浸泡 3 个小时。

2. 新鲜百合剥散开。

3. 去除百合上脏的外皮和筋膜。

4. 将百合用淡盐水浸泡半小时。

5. 将绿豆放入砂锅中。

6. 加入足量水，大火煮开后转小火煮至绿豆开花。

7. 放入冰糖，继续小火煮至冰糖溶化。

8. 放入处理干净的百合片，再煮几分钟即可。

材料

绿豆	300 克
新鲜百合	100 克

调料

冰糖	50 克

烹饪秘籍

1. 煮绿豆水的锅尽量选择玻璃锅、不锈钢锅或砂锅，避免用铁锅等金属锅具。

2. 煮绿豆用的水须是低硬度的水，如果饮用水硬度较高，可使用高渗过滤水或矿泉水、纯净水。

3. 锅的材质不同，煮绿豆所需的时间也不同。

4. 绿豆要等水开后下锅，煮到绿豆开花即可，煮出来的绿豆汤颜色才漂亮。

营养贴士 🌿

绿豆是公认的解暑好食材，夏天多喝些绿豆汤，可预防中暑，缓解湿热引发的烦躁情绪。

20 分钟
烹饪时间

简单
难易程度

苦瓜是夏天的时令蔬菜。从健康的角度考虑，我们应当多吃些应季的食物。苦瓜的前味略苦后味微甘，搭配鲜美的菌菇和鸡蛋，开胃又营养。

开胃解暑
要多喝
（夏季）

苦瓜菌菇鸡蛋汤

做法 ♨

1. 苦瓜清洗干净，切去根蒂，对半切开，去掉白色内瓤。

2. 将苦瓜切成约 3 毫米厚的片状。

3. 鸡蛋打入碗中，用筷子搅散。白玉菇洗净，切去老根。姜去皮，切成薄片。

4. 锅中倒入玉米油烧热，放入苦瓜片炒香。

5. 倒入约 800 毫升开水，再次大火煮开。

6. 加入白玉菇段，调中小火煮 3 分钟。

7. 缓缓淋入鸡蛋液，用筷子轻轻搅动。

8. 出锅前撒入少许盐调味即可。

材料

苦瓜	200 克
鸡蛋	1 个
白玉菇	100 克

调料

姜	10 克
盐	1/2 茶匙
玉米油	少许

烹饪秘籍

苦瓜的苦味主要来源于苦瓜内的白色内瓤，要想让苦瓜苦味减轻，可以将白瓤去除得干净些。另外用淡盐水浸泡苦瓜，去苦味效果也不错。

营养贴士 ✍

苦味的食物最能降火，夏天适当多吃些苦瓜，使人睡眠好、不烦躁，脸上的痘痘也能减少。

秋葵豆腐蛋花汤

秋葵的切面好像一颗颗的小星星，整碗汤看起来十分清新。豆腐嫩滑，最适合做汤，搭配秋葵这种高端蔬菜，档次瞬间被提升不少。

静心煲
慢慢品
（夏季）

做法 🍲

1. 秋葵洗干净，切成 1 厘米厚的片。

2. 豆腐冲洗净，切成 1 厘米见方的小块。

3. 鸡蛋磕入碗中，用筷子搅散。

4. 胡萝卜洗净，切菱形片。

5. 香菇洗净，菌盖表面打上十字花刀。

6. 锅中加入清水煮开，放入秋葵块、香菇、胡萝卜片、豆腐块，中小火煮 5 分钟。

7. 鸡蛋液淋入汤中，用汤勺搅成均匀的蛋花。

8. 出锅前撒入盐、鸡精，淋入麻油即可。

材料

秋葵	200 克
嫩豆腐	300 克
鸡蛋	1 个
胡萝卜	50 克
鲜香菇	4 朵

调料

盐	1/2 茶匙
鸡精	1 克
麻油	5 毫升

烹饪秘籍

挑选秋葵的时候要看一看，摸一摸。新鲜的秋葵没有黑色斑点，靠近根部的地方摸上去较软；老秋葵口感粗糙，嚼起来纤维感强，味道苦涩。

营养贴士 🌿

切开秋葵，可见大量的黏液。这种黏液能帮助消化，增强体力，因此不宜洗去。秋葵中的维生素还能补充水分，滋润皮肤。

丝瓜肉片汤

20分钟
烹饪时间

简单
难易程度

许多蔬菜的营养价值会随季节转换而发生变化，应季蔬菜的营养价值更高。丝瓜是夏天的应季蔬菜之一，对身体的好处非常多，用丝瓜和瘦肉做的汤，口感清凉，清爽不油腻。

消暑去热
不烦躁
（夏季）

做法 ♨

1. 丝瓜洗净后削去外皮，切滚刀块。

2. 猪里脊肉洗净，切片。

3. 姜去皮，切成细丝备用。

4. 洗干净的香菇去蒂，切成约 3 毫米厚的片。

5. 煮锅中加入约 800 毫升清水，放入姜丝和香菇，大火烧开后转中火煮 5 分钟。

6. 加入肉片，煮约 1 分钟，至肉片断生。

7. 加入丝瓜块，再煮 1 分钟，至丝瓜变得翠绿。

8. 淋入少许橄榄油，加盐调味即可。

材料

丝瓜	250 克
猪里脊肉	100 克
香菇	20 克

调料

盐	1/2 茶匙
姜	5 克
橄榄油	少许

烹饪秘籍

1. 切里脊肉的时候要沿着肉的纤维纹路切，这样煮出来的肉片口感细嫩不柴。

2. 丝瓜宜在水开后放入，不可久煮，以便在煮熟后保持碧绿。

营养贴士 ✐

丝瓜里有丰富的矿物质及维生素，夏季多吃丝瓜，不仅能清热解暑，还能美白皮肤，补充皮肤水分，让皮肤看起来更水润。

芦笋蘑菇瘦肉汤

30分钟 烹饪时间

简单 难易程度

蔬菜之王
护卫健康
（夏季）

芦笋口感清脆微甜，和菌菇、肉片一起做出来的汤十分爽口不油腻，汤中散发着淡淡的蟹味香。夏季一定不要错过这个好汤。

做法 🍲

1. 芦笋洗干净，切成 3 厘米长的段。

2. 蟹味菇洗干净备用。胡萝卜洗净，切菱形片。

3. 里脊肉切薄片，加少许盐、料酒、生粉腌制 10 分钟。

4. 起油锅烧热，下入里脊肉片滑香。

5. 倒入 1 汤碗开水，大火煮开。

6. 下入蟹味菇、胡萝卜片煮 2 分钟。

7. 加入芦笋段，煮 1 分钟。

8. 加入白胡椒粉、麻油和剩余的盐调味即可。

材料

芦笋	150 克
蟹味菇	100 克
猪里脊肉	250 克
胡萝卜	30 克

调料

盐	1/2 茶匙
料酒	1/2 汤匙
生粉	1 克
白胡椒粉	少许
麻油	1/2 汤匙
葵花子油	1 汤匙

烹饪秘籍

1. 里脊肉提前腌制一下，煮出来的汤味道鲜，肉片不柴。
2. 汤中还可以加入木耳、鸡蛋等，营养会更丰富。
3. 芦笋汤里不要放醋，不然芦笋会发黑。

营养贴士 🌿

芦笋是蔬菜之王，叶酸含量非常丰富，适当多吃芦笋能美白养颜。孕妇多吃芦笋，生出的宝宝会更聪明。

3 小时
烹饪时间

简单
难易程度

酸萝卜老鸭汤

酸萝卜老鸭汤是云贵川一带的特色汤品，自家腌制的酸萝卜酸爽开胃，鸭肉性凉败火，二者搭配煮出来的汤酸酸的十分过瘾，没有怪味，适合各种季节饮用。

老火靓汤
好舒心
（夏季）

做法 ♨

1. 鸭子去头、掌，剁成块。葱洗干净，打结。姜切片。

2. 鸭肉入锅，加冷水、料酒，煮开。

3. 大火煮至出现浮沫，关火。

4. 捞出鸭肉，用温水冲洗干净，沥干水。

5. 将鸭肉、姜片、葱结倒入汤锅，加入足量的水至没过鸭块。

6. 酸萝卜切成拇指粗的条状，加入汤中。

7. 大火煮开，转小火焖 2.5 小时至鸭肉软烂。

8. 出锅前加盐即可。

材料

酸萝卜	200 克
鸭子	半只（400 克）
大葱	10 克
姜	5 克

调料

| 料酒 | 10 毫升 |
| 盐 | 1/2 茶匙 |

烹饪秘籍

鸭头、鸭脚煮出来会有些腥味，影响汤的味道，所以须把鸭头、鸭脚去除。老鸭汤需要煲的火候比较久，有时间的话尽量多煮煮，至软烂为止。

营养贴士 ✍

酸萝卜酸中带甜，十分开胃；鸭肉性凉，蛋白质含量丰富。夏季喝这个酸萝卜老鸭汤很开胃，有健脾祛湿、增强食欲的作用。

雪梨苹果银耳汤

一碗胶质满满的银耳汤才是成功的银耳汤，才有软糯香甜的口感。银耳汤既是汤又是甜品，寒冷干燥的季节喝上一碗，甜甜糯糯，感觉十分滋润。

享受一刻
清闲
（秋季）

做法 🍲

1. 银耳提前浸泡一晚上。

2. 干百合提前浸泡 1 小时。

3. 将银耳洗净，撕成小碎块。

4. 砂锅中加入银耳、百合和足量的清水。

5. 大火煮开，转小火熬 90 分钟。

6. 将苹果、雪梨分别洗净，去核，切成大块。

7. 放入银耳汤中煮 30 分钟。

8. 加入冰糖和枸杞煮 10 分钟即可。

材料

雪梨	60 克
苹果	60 克
干银耳	15 克
干百合	20 克
枸杞	5 克

调料

冰糖	50 克

烹饪秘籍

银耳撕得越碎越容易煮出胶质，还有一个技巧就是小火慢炖。如果还是煮不出胶质，就要检查一下银耳的品质，银耳的新鲜程度在很大程度上决定出胶的程度。

营养贴士

银耳的营养成分其实和燕窝不相上下，所以银耳也被称为平民燕窝。银耳中含有天然的胶质，长期服用能养颜淡斑，安神补脑。

猪肺处理起来比较麻烦，外面的猪肺汤好喝却不一定干净。自家动手精心处理的猪肺，用小火慢慢煨上，煮出的汤中猪肺柔韧美味，萝卜清润甘甜，对经常用嗓的朋友特别有益。

2小时
烹饪时间

简单
难易程度

浓汤更
有浓情
（秋季）

白萝卜猪肺汤

做法 🍲

1. 将猪肺灌入清水，反复冲洗 5 次。

2. 洗干净的猪肺切成 0.3 厘米厚的片状，姜切片。干百合用清水浸泡后洗净。

3. 锅中加冷水，放入猪肺、姜片，煮开。

4. 将煮好的猪肺捞出，再次清洗干净。

5. 将白萝卜洗干净，切成拇指大小的长条。

6. 汤锅内放入猪肺、姜片、甜杏仁、百合和适量的清水，大火煮开后转小火煲 1 小时。

7. 加入白萝卜条再煮半小时。

8. 撒入盐调味即可。

材料

白萝卜	200 克
猪肺	400 克
甜杏仁	15 克
干百合	15 克

调料

姜	5 克
盐	1/2 茶匙

烹饪秘籍

1. 猪肺清洗的时候要反复灌水冲洗，直到猪肺颜色发白才算洗干净。

2. 猪肺清洗起来麻烦，一次可以多洗一些，放到冰箱里冻起来，随吃随取。

营养贴士 🌿

猪肺益肺气，能缓解喉咙不适；萝卜可清火生津，消食化痰。这个汤非常适合秋季喝。

杜仲和猪腰一起做汤是常见的家常药膳，不仅可以补肾气，还能治疗腰酸背痛的小毛病。

这个汤可不一般（冬季）

杜仲巴戟猪腰汤

做法 🍲

1. 将巴戟天、杜仲清洗一下，放入锅中干炒片刻备用。

2. 猪腰对半切开。

3. 剔去白色的筋膜，洗净。

4. 将处理干净的猪腰打上花刀，切块。瘦肉切片备用。

5. 锅中加入清水，放入姜片、红枣，大火煮开。

6. 下入猪腰块、瘦肉片、杜仲、巴戟天。

7. 开小火煲 1 小时，出锅前撒入盐调味即可。

材料

猪腰子	1 对
杜仲	15 克
巴戟天	15 克
瘦肉	30 克
红枣	5 颗

调料

盐	1/2 茶匙
姜片	5 克

烹饪秘籍

杜仲和巴戟天在药店有售。杜仲可以换成核桃仁。猪腰子内部的白色筋膜是猪腰的臊腺，去除干净后再烹制才没有腥味。

营养贴士 🌿

猪腰子就是猪肾，能补肾气，可缓解腰酸腿痛，增强免疫力。

清炖羊肉萝卜汤

炖出来的
风情
（冬季）

冬天手脚冰凉、总也捂不热的人，平时可以多喝这个清炖羊肉萝卜汤，能温补身体。羊肉还有强筋健体的功效，老人孩子都适合喝。

174

做法 🍲

1. 羊肉洗干净，切成块状。香菜洗净，沥干，切碎。

2. 将羊肉装入汤锅中，一次加入足量的水，放入姜片，大火煮开。

3. 撇去汤表面的浮沫，使羊汤看上去更清爽。

4. 调成最小的火，煲 1 小时。

5. 将白萝卜洗干净，切成核桃大小的块。

6. 将白萝卜块放入羊肉汤中，再煲 30 分钟。

7. 加入枸杞，煮 10 分钟。

8. 加入白胡椒粉、盐、香菜碎搅匀即可。

材料

羊肉	400 克
白萝卜	200 克
枸杞	5 克

调料

姜片	5 克
香菜	10 克
盐	1/2 茶匙
白胡椒粉	少许

烹饪秘籍

1. 很多人讨厌羊肉的腥膻味，产自内蒙古或者新疆的羊肉品质较好，不腥不膻。

2. 羊肉与白萝卜同煮是去除膻味的好办法，还可以试试将羊肉提前用水浸泡以去除膻味。

营养贴士 🌿

羊肉益气补虚、温中暖下，是冬季暖身的好食材，搭配白萝卜同煮，有清痰止咳之功效。

西湖牛肉羹是经典的杭帮菜，通常以牛里脊肉为主要食材，加入香菇、蛋白，再用水淀粉勾薄芡，煮好后香醇润滑，非常可口，在江南几乎家家会做。

30分钟
烹饪时间

简单
难易程度

西湖牛肉羹

做法 🍲

1. 将牛肉冲洗净，切成小薄片，加入料酒和1克生粉，腌制15分钟。

2. 香菇洗净，切去老根，切成0.4厘米厚的片状。

3. 鸡蛋只取蛋清，搅匀。香菜洗净沥干，切碎。

4. 取5克生粉，加入2汤勺清水调成水淀粉。

5. 锅中加入1汤碗清水，放入姜片，中火煮开后倒入水淀粉搅匀。

6. 加入香菇和牛肉片滑散，略微煮2分钟。

7. 缓缓淋入蛋清，用汤勺搅拌成絮状。

8. 加入盐、白胡椒粉、老抽调味，盛出，淋麻油，撒香菜碎即可。

材料

牛肉	300 克
香菇	30 克
鸡蛋	1 个

调料

姜	3 克
白胡椒粉	1 克
盐	1/2 茶匙
料酒	1/2 汤匙
麻油	1/2 汤匙
老抽	几滴
生粉	6 克
香菜	2 根

烹饪秘籍

1. 牛肉片尽量切得小一些，先用清水浸泡去血水再腌制，这样做出来的牛肉羹更好看。

2. 牛肉羹中可以加入适量嫩豆腐，口感更丰富。

营养贴士 🌿

牛肉富含蛋白质，寒冬多食牛肉可暖胃暖身、强健筋骨，越吃面色越红润。

冬季宜进补，宜多喝营养价值高的汤品。在鸡汤中加入多种菌菇，能使鸡汤更鲜美，即使没什么厨艺也可以轻松做好。

1小时
烹饪时间

简单
难易程度

冬季暖身
滋补汤
（冬季）

菌菇鸡汤

做法 ☕

1. 三黄鸡去头、脚，切成约 2 厘米大小的块。姜切片。大葱切碎。

2. 锅中加入冷水，放入鸡块、2 片姜片，大火煮至水开即关火。

3. 煮好的鸡块捞出，用温水冲洗干净。

4. 鸡块放入汤锅中，加 2 片姜片，大火煮开。

5. 转小火煮 1 小时。

6. 将 4 种菌菇分别洗干净，香菇和杏鲍菇切成 0.3 厘米厚的片状。

7. 最后 10 分钟将菌菇和枸杞放入鸡汤中同煮。

8. 撒入盐调味，放入切碎的大葱即可。

材料

三黄鸡	半只（约400克）
金针菇	120 克
杏鲍菇	100 克
白玉菇	80 克
香菇	40 克
枸杞	5 克

调料

大葱	10 克
姜	8 克
盐	1/2 茶匙

烹饪秘籍

1. 鸡块先汆水再煮，汤色更干净。可将菌菇换成其他的你喜欢的食材。

2. 如果喜欢香味浓一些的，可以先将鸡肉爆炒一下再炖。

营养贴士 🌿

鸡汤经过长时间炖煮后，鸡肉中的蛋白质和微量元素被充分释放出来。菌菇类食材能提高人体免疫力。多喝这道菌菇鸡汤能预防感冒，增强体质。

30分钟
烹饪时间

简单
难易程度

成品看起来很厚重，可以作为汤也可以作为菜食用。浓白的汤中点缀着青绿的丝瓜和粉红的虾仁，特别养眼又很开胃。

快手汤
高颜值
（冬季）

丝瓜虾仁豆腐羹

做法 🍲

1. 新鲜基围虾去虾头、虾壳，挑去虾线。

2. 把虾仁冲洗干净，用料酒腌制 10 分钟。

3. 嫩豆腐切成小细条。

4. 丝瓜削去外皮，洗净，切滚刀块。

5. 汤锅中加入约 1000 毫升水，倒入豆腐条煮开，转小火煮 5 分钟。

6. 将虾仁和丝瓜块倒入锅中，继续用小火煮 2 分钟。

7. 生粉加少许水调成芡汁，倒入汤中搅匀。

8. 撒入盐，淋入麻油调味即可。

材料

基围虾	200 克
嫩豆腐	200 克
长条丝瓜	100 克

调料

盐	1/2 茶匙
料酒	1 汤匙
生粉	5 克
姜	5 克
麻油	少许

烹饪秘籍

1. 做这道菜最好是用砂锅，用砂锅煮的汤鲜美且无异味。

2. 虾仁若用生粉腌制15分钟后再煮，口感会更筋道。

营养贴士 🌿

虾仁中蛋白质含量丰富，豆腐则富含植物蛋白质，二者搭配不仅容易消化，还可益气补虚，非常适合体弱和消化能力不强的老人及孩子吃。

慢火滋
补汤
（冬季）

玉米须冬瓜皮排骨汤

2 小时 烹饪时间 | **简单** 难易程度

玉米须、冬瓜皮，虽然看起来不起眼，但其营养价值比玉米和冬瓜本身还要高，而且对老年人特别有益处。这个汤味道鲜美，营养丰富，老年人多喝也无妨。

用料

玉米须	10 克
冬瓜皮	60 克
猪肋排	300 克
盐	1/2 茶匙
姜	5 克

烹饪秘籍

冬瓜可以选绿皮冬瓜，与肋排一起煲汤。用电炖锅来做，省时省心，汤色也清澈，营养和香味都不流失。

做法

1. 猪肋排洗净，用淡盐水浸泡半小时。

2. 冬瓜皮洗净，切成 0.4 厘米厚的片。

3. 玉米须洗净，沥干。姜切片。

4. 电炖锅加入所有食材和姜片，添加足量的清水至没过食材。

5. 盖上盖子，慢炖 2 个小时。

6. 取出撒入盐调味即可。

营养贴士 冬瓜皮中的营养素甚至比冬瓜中更丰富，玉米须则含有大量的碱性物质。老年人常喝这道汤，可以消除水肿，降血压。